KB046892

Gourmet Guide

미식가를 위한 맛집 50

미식 가이드

미식가를 위한 맛집 50

박정녀·유재웅 지음

발 행 처 · 도서출판 청어
발 행 인 · 이영철
영   업 · 이동호
기   획 · 천성래
편   집 · 방세화
디 자 인 · 김영은 ┃ 이수빈
제작이사 · 공병한
인   쇄 · 두리터

등   록 · 1999년 5월 3일(제1999−00063호)

1판   1쇄 발행 · 2019년 12월 20일
개정판 1쇄 발행 · 2020년 3월 30일

주소 · 서울특별시 서초구 남부순환로 364길 8−15 동일빌딩 2층
대표전화 · 02−586−0477
팩시밀리 · 0303−0942−0478

홈페이지 · www.chungeobook.com
E−mail · ppi20@hanmail.net
ISBN · 979−11−5860−722−7(03980)

이 도서의 국립중앙도서관 출판시도서목록(CIP)은 서지정보유통지원시스템 홈페이지
(http://seoji.nl.go.kr)와 국가자료공동목록시스템(http://www.nl.go.kr/kolisnet)
에서 이용하실 수 있습니다.(CIP제어번호: CIP2019049174)

Gourmet Guide

미식 가이드

미식가를 위한 맛집 50

수도권편

박정녀 · 유재웅 지음

도서출판 청어

오래전부터 좋은 음식을 찾아 나섰습니다. 좋은 음식은 건강에 도움이 되어야 합니다. 아름다우면 좋습니다. 가성비까지 뛰어나면 더욱 좋습니다. 하지만 진정으로 좋은 음식은 이것만으로 부족합니다. 좋은 음식은 사람을 행복하게 해주는 음식이라고 생각합니다.

요즘 넘치는 게 음식 소개 콘텐츠입니다. TV 먹방을 비롯해 인터넷, SNS를 가리지 않습니다. 너무 범람해 혼란스러울 지경입니다. 옥석이 가려져있지 않습니다. TV나 인터넷에 소개된 집을 찾아갔다가 실망했던 적이 저희도 한두 번이 아닙니다. 음식에 관심 있는 분들에게 정직하고 균형 있는 맛집 안내서를 제공해 드리고 싶었습니다. 이 책을 쓰게 된 직접적인 동기입니다.

좋은 음식에는 만든 이의 절절한 인생이 녹아있습니다. 우리는 오감으로 음식을 맛보고 즐깁니다. 여기에 공 들여 음식을 만든 이가 어떤 생각과 철학을 갖고 있는지를 알게 되면 감동이 배가될 겁니다. 음식을 매개로 만든 이와 소비자를 이어주는 가교 역할을 하고 싶었습니다. 이 책을 쓰게 된 또 다른 이유입니다. 이러한 취지에 최대한 부응하고자 저희들의 주관적인 음식 평을 절제하고 좋은 음식을 만드는 셰프와 경영하는 오너들의 생각을 담아내는 데 훨씬 큰 비중을 두었습니다.

좋은 음식을 만들려는 셰프와 오너들이 세상에 많습니다. 여기에 수록된 음식점들은 저희와 특별한 인연이 닿은 집뿐만 아니라 동서양 요리에 일가견이 있는 셰프와 미식가들의 추천을 토대로 일일이 직접 찾아가 검증을 거친 집들입니다. 음식점을 고른 기준은 '행복감'입니다. 여기서 행복감이란 평균적인 중산층이 가족이나 친구들과 기꺼이 비용을 지불하고 맛 볼 가치가 있는 집, 그리고 그런 비용이 결코 아깝게 느껴지지 않는 곳을 말합니다. 이런 기준을 적용하다보니 뛰어난 음식을 만들지만 가격이 지나치게 비싸서 포함시키지 못한 집들도 많습니다. 음식은 좋지만 이미 널리 알려져 있는 곳도 제외했습니다. 저희들이 새삼 소개할 필요 없는 집이기 때문입니다. 프랜차이즈 점도 마찬가지입니다.

이 책은 음식점 순위를 매기는 평가서가 아닙니다만, 좋은 음식점을 찾는 독자님들에게 실질적인 도움을 드리기 위해 5가지 기준(맛, 가격, 서비스, 청결, 분위기)에 대한 별점 평가표를 매겨놓았습니다. 최대한 공정을 기하려했지만 주관성을 배제할 수 없습니다. 음식점 운영이라는 것이 여러 요인에 의해 영향을 받고 늘 가변적이라는 점을 참고해 활용해 주시기 바랍니다.

이 책이 좋은 음식에 관심이 있는 독자님들의 수고를 덜어드리는 데 조금이라도 보탬이 될 수 있다면 그 이상 기쁨이 없겠습니다. 아울러 음식업에 뛰어들어 긴 시간 좋은 음식 만드는 것을 천

직으로 알고 자신의 모든 것을 바쳐온 셰프들과 경영자들을 다소나마 응원해 드릴 수 있다면 그 역시 작업한 보람이겠습니다. 이 책에 담긴 요식업계 현장의 생생한 목소리와 고민, 포부들이 장차 셰프나 외식업 경영을 꿈꾸는 미래 세대에게 살아 숨쉬는 길잡이가 되었으면 하는 바람도 글 안에 담았습니다.

여기 수록된 맛집 중 최신 트렌드의 음식점들은 저희보다 예리한 미각을 갖고 있는 두 딸 영선, 인선이의 적극적인 도움에 힘입은 바 큽니다. 아울러 매일경제에서 〈미식 부부의 맛집 기행〉이라는 고정 칼럼 지면을 할애해주어 저희들이 게을러지지 않고 꾸준히 맛집 발굴 작업을 할 수 있도록 성원해준 데 대해서도 깊이 감사드립니다.

박정녀 · 유재웅

차례

머리말 4

─────────────── 한식 ───────────────

─────────────── 중식 ───────────────

─────────────── 일식 ───────────────

한식

"친정 엄마가 충주 김씨 종부셨어요. 5대조까지 제사를 모시다 보니 한 달에 서너 번은 제사를 지냈습니다. 집에 손님들이 자연이 많았고요. 중학생 때부터 어머님을 도와 상 차리고 손님 접대하며 음식을 만들었습니다. 이런 집안 분위기가 부지불식간에 음식과 친숙하게 만들었나 봐요."

국수집 '김씨도마'의 김민용 대표는 인터뷰 내내 겸손하고 나지막한 목소리로 세세한 음식 이야기보다 '집안 손님' 대하듯 고객을 모신다는 말씀을 해주십니다. 말씀을 듣고 보니 이 집 여러 음식의 맛, 정갈한 반찬, 아름다운 식기, 편안한 분위기까지, 이 모든 것의 연결고리가 새삼 눈에 들어옵니다. 음식은 '손재주'가 아닌 '마음'으로 만든다는 것을 생생하게 보여주는 집이라고나 할까요.

'김씨도마'의 상징적인 메뉴로 많은 고객들의 사랑을 받는 음식은 국수입니다. 예전에 집에서 만들어 먹던 방식 그대로 손으로 반죽하고 도마에서 칼로 썰어서 만든 면을 사용한 국수입니다. 이곳에서 맛볼 수 있는 국수 종류는 세 가지. 멸치국물을 베이스로 한 '도마국수', 닭국물을 사용하는 '도마곰국수'와 함께, 손으로 국수를 비벼서 내놓는 '도마비빔국수'가 있습니다.

'김씨도마'의 국수에서 고소한 맛이 나는 데는 다 이유가 있더군요. 면을 반죽할 때 콩가루를 넣는 것이 여느 국수집과 다른 '김씨도마'만의 특색입니다. 김 대표의 친정에서 하던 방식이라고 합니다. 밀가루에 콩가루를 넣어 반죽을 함으로써 고소한 식감을 줄 뿐만 아니라 콩이 주는 건강함까지 더한다니 우리 선조들의 삶의 지혜를 엿보게 합니다.

이 집의 국수를 음미하며 맛있게 드시는 방법도 참고로 알려드리지요. 여기 국수는 여느 음식점처럼 후루룩 마시듯 드시면 재미가 없습니다. '김씨도마'에서 안내하는 맛있게 국수 드시는 법은 아래와 같습니다. "①처음에는 국물을 몇 술 떠 맛을 보고 이어서 면과 함께 국물을 같이 든다. ②'도마국수'에는 함께 나오는 꾸미를 얹고, 식성에 따라 양념장과 집고추를 친다. ③남은 국수국물을 마시거나 공깃밥을 말아 든다. '도마국수'의 경우 이때 양념장을 조금 친다." 국수와 함께 나오는 공깃밥은 무료고 면사리도 요청하시면 추가로 드립니다.

'김씨도마'에서는 화학조미료를 사용하지 않습니다. 그러다보니 감칠맛 보다는 담백하고 다소 밍밍한 맛이 이 집 국수의 특징입니다. 개인별 식성에 따라 양념장으로 간을 조절할 수 있지만 기본 베이스를 심심하게 갖고 가는 것이 이 집 국수입니다. 그럼에도 불구하고 '김씨도마'의 국수는 다시 찾게 만드는 중독성이 있습니다. 정성을 다해 만든 '건강한' 국수가 주는 힘이 아닐까 싶습니다.

김 대표는 친정에서 물려받은 손맛으로 음식을 만든다지만 그렇다고 과거에만 머물러 있지 않습니다. 김 대표의 아이디어로 만든 '궁중떡볶음'은 이 집의 별미 중 하나입니다. 저희도 이 집에 들르게 되면 국수만 주문하기보다 국수와 떡볶음을 하나씩 시켜서 나누어 먹곤 하니까요. 이 집의 '궁중떡볶음'은 얼핏 보면 궁중떡볶기와 비슷합니다. 하지만 신선한 녹색 미나리와 붉은색 피망을 썰어서 함께 넣어 줌으로써 채소의 아삭한 식감과 더불어 멋진 색상의 조화를 이룹니다. 그 위에 계란의 노른자와 흰자를 분리해 만든 지단을 얹으면 예술 작품과 같은 멋진 떡볶음이 완성됩니다.

국수가 이 집의 간판 메뉴이지만 김 대표의 음식 솜씨를 발휘한 다양한 요리들도 훌륭한 맛을 자랑합니다. '도마빈대떡', '도마메밀묵', '홍어무침', '도마수육', '도마돔배기', '도마문어숙회' 등이 있습니다. 이들 요리와 함께 진천에서 올라오는 막걸리 한잔을 곁들이면 좋은 친구, 비즈니스를 위한 모임의 자리가 한층 흥이 나지요.

이 집의 상호를 '김씨도마'로 지은 것이 궁금해서 연유를 물어봤습니다. "남편(강효석)이 지어준 거예요. 제가 국수를 썰 때 늘 도마를 사용하잖아요. 거기에 제 성이 김씨고요. 그래서 이 둘을 합해서 '김씨도마'로 지은 거랍니다." 말을 듣고 보니 주방 벽면에 여러 개의 도마가 쭉 걸려있는 것이 눈에 들어옵니다. 밤낮을 가리지 않고 음식점에 매달려 사는 김 대표를 가장 기쁘게 만드는 일은 무엇일까. "저희 가게를 찾아주시는 손님들께서 맛있게 잘 먹었다는 말씀을 해주실 때 가장 기쁘고 행복합니다."

♣ 음식점 정보

■ 가격
- 단품: 8,000~30,000원
- 코스: 40,000원, 50,000원

■ 위치: 이전 준비 중(2020년 상반기 내 오픈), 02-738-9288

■ 영업시간: 11:30~22:00(일요일, 공휴일 휴무, 브레이크 타임 15:00~17:00)

■ 규모 및 주차: 이전 후 확정

■ 함께하면 좋을 사람: ①가족 ★, ②친구 ★, ③동료 ★, ④비즈니스 ★

♣ 평점

맛	★ ★ ★ ★ ★
가격	★ ★ ★ ★ ★
청결	★ ★ ★ ★ ★
서비스	★ ★ ★ ★ ☆
분위기	★ ★ ★ ★ ★

❶ '김씨도마'의 대표음식 중 하나인 "도마국수"
❷ 궁중떡볶음
❸ '김씨도마' 김민용 대표

'남도사계 고운님'

주말 운동을 마치고 귀가하던 중 삼성역 근처를 지나게 되었습니다. 저녁때를 놓쳐 인근 음식점에서 요기를 하려던 차에 아내가 근처에서 일할 때 종종 애용하던 남도음식점이 있다고 귀띔을 해줍니다. 토요일 저녁 9시가 다된 시간이어서 전화를 걸었습니다. 곧 문을 닫으려하지만 간단한 식사는 가능하다고 하더군요. 늦은 시간에 식사를 청하다 보니 미안한 마음이 컸는데 주문 받는 직원, 서빙 하는 직원, 나중에 디저트를 챙겨주는 직원, 자동차 발렛파킹을 직접 나서서 해주는 점장 대표에 이르기까지 어느 한분 빠지지 않고 상냥하고 친절한 것이 인상적이었습니다. 음식의 맛, 당연히 수준급이었고요. 이렇게 찾은 집이 '남도사계 고운님' 삼성역점(대표 정현오)입니다.

몇 주 뒤 강남 포스코 빌딩 뒤에 있는 본점을 찾아 정현오 대표의 아버지인 정춘근(60) 대표 부부를 만났습니다. 본점 역시 직원들의 친절함이 몸에 배어있더군요. 비결부터 물었습니다. 정 대표의 대답은 의외였습니다. "제가 특별히 하는 게 없습니다. 오히려 저는 성격이 급하고 까다로워 가게에서는 '호랑이'라고 불립니다. 굳이 말한다면 일하는 분들끼리의 행복감을 느낄 수 있도록 해드리는 것 정도 아닐까 합니다. 직원 식사에도 신경을 좀 쓰는 편이고요. 우리 직원들이 먹는 것만큼은 최고로 챙기자는 생각이 있습니다. 제가 어린 시절 어렵게 자라다 보니 남의 집 일을 많이 다녔습니다. 그때 먹는 것에 대한 차별과 설움을 많이 겪었고요. 그런 경험이 있어서인지 저희 집에서는 먹는 것만큼은 직원 분들이나 저나 똑같은 것을 먹고 일합니다." 역시 사람의 마음을 움직이는 것은 돈이 아니라 상대의 마음을 헤아리고 배려해주는 진정성에 달려있다는 것을 배웁니다.

'깐깐맨'이라고 자칭하는 정 대표가 어떤 생각을 하면서 음식을 준비하고 손님을 맞는지 궁금했습니다. "저희 집에서 음식을 만드는 기준은 '어머니 손맛'입니다. 어려서 어머니께서 해주신 음식 맛을 최대한 재현해 보려고 노력하고 있습니다. 좋은 맛의 기본은 식재료이기 때문에 식재료 구매에 특별히 신경을 쓰고 있고요. 번거로워도 제가 시장을 직접 돌아다니면서 제철 생선과 채소 등 좋은 물건을 고르려고 애쓰고 있습니다. 마음에 드는 식재료를 발견하면 지금도 너무 좋아서 흥분이 되곤 합니다."

'남도사계 고운님'의 음식은 크게 두 가지로 나눌 수 있습니다. 점심때는 식사, 저녁에는 반주를 곁들이는 해산물 요리 중심입니다. 점심 음식은 철에 따라 변화를 주는 요일 메뉴인데, 강남에서 8천 원에 내고 맛있는 남도 식사를 할 수 있다는 것이 믿기지 않을 정도입니다. 제철 생선 중심으로 꾸며지는 저녁 요리는 신선한 회에서부터 찜, 탕 등 다양합니다. 신선한 제철 생선 요리인 관계로 단가가 좀 있지만, 비즈니스 모임뿐만 아니라 친구, 가족들과 식사하기에 손색이 없습니다.

정 대표의 음식관도 물어봤습니다. "요리는 종합예술입니다. 규격도 중요하고요. 규격이 정해지면 그에 맞춰 색상의 배합을 고려합니다." 규격과 색상으로 요리를 풀어가는 게 예사롭지 않는데 젊은 시절 광고 제작 일을 한 경험이 요리에 녹아있지 않나 싶습니다. 고객 응대도 정 대표가 각별히 신경을 쓰는 부분입니다. "손님이 청해서 갖다드리면 심부름, 내가 알아서 먼저 하면 서비스! 삼성에서 일했던 어느 분이 했다는 말씀인데 저도 늘 가슴에 새기고 있습니다. '챙겨보라'는 이야기도 직원들에게 자주 하는 편입니다." 상냥하고 친절한 서비스는 이런 챙김과 정성의 결과이더군요.

정 대표는 파란만장한 인생을 살아와서인지 험난한 세상을 돌파해 가는 의지력과 현실 감각이 남다르더군요. 1959년 전남 완도에서 태어난 정 대표는 어려서 끼니를 거르는 일이 잦았답니다. 농사일, 바닷일 등 안 해본 게 없는 그입니다. 30대 늦깎이로 대학을 다녔고요. 20대 후반에 음식업에 뛰어들어 잘 나가다가 지인 빚보증으로 부도도 맞고 다시 음식으로 재기해 오늘에 이르렀습니다. 오뚝이 같은 인생이지요.

많은 풍파를 이겨온 정 대표이고 아직도 어려움이 남아있는 상황이지만 한결같이 그를 지켜주고 우군이 되어주고 있는 이는 부인 양경이(61) 씨. 성격도 정 대표와 정반대라고 합니다. 말이 없고 묵묵히 남의 이야기를 들어주는 스타일이어서 자신의 부족함을 많이 메워주고 있답니다. 모처럼 하는 인터뷰이니 부부가 함께 사진을 찍으면 좋겠다고 권하니 양경이 씨는 고사하다가 빙그레 웃으며 응해 주더군요. 지금까지 두 분 모두 고생이 많았으니까 앞으로는 꽃길만 걷기를 축원해 봅니다.

♣ 음식점 정보

■ 가격
- 단품: 식사류 10,000~28,000원(요일 정식 8,000원)
- 생선: 40,000~80,000원대(일부 싯가)

■ 위치
- 포스코본점: 서울 강남구 삼성로 81길 22(대치동) 한정빌딩 2층, 02-562-9292
- 삼성역점: 서울 강남구 영동대로 86길 11(대치동) 승원빌딩 2층, 02-403-8282

■ 영업시간: 11:00~22:00(명절만 휴무)

■ 규모 및 주차: 포스코 본점 100석, 삼성역점 70석, 발렛파킹

■ 함께하면 좋을 사람: ①가족 ★, ②친구 ★, ③동료 ★, ④비즈니스 ★

♣ 평점

맛	★ ★ ★ ★ ★
가격	★ ★ ★ ★ ☆
청결	★ ★ ★ ★ ★
서비스	★ ★ ★ ★ ★
분위기	★ ★ ★ ★ ☆

❶ '남도사계 고운님'의 "물회"
❷ '남도사계 고운님'의 정춘근(좌), 양경이(우) 대표 부부
❸ '남도사계 고운님' 입구 전경

'동해별관'

"외할머니께서 포항 죽도시장에서 생선 장사를 하셨습니다. 어머니는 30년 넘게 포항 어시장에서 일을 하고 계시고요. 지금은 어머님께서 생선을 직접 만지지는 않으시지만 죽도 시장 어느 집, 어디를 찾아가면 좋은 생선이 있는지를 훤히 꿰고 계시지요. 그러신 어머님께서 저희 가게에서 쓸 생선을 매일 골라서 올려 보내주십니다. 손님에게 내놓는 밑반찬도 어머님께서 손수 만들어 보내주시는 것들이고요." 논현동 '동해별관'의 김도형(42) 대표는 가게에서 내놓는 모든 음식에 어머님의 손길과 정성이 담기지 않은 것이 없다는 이야기로 말문을 엽니다.

요리에 일가견이 있다는 셰프나 전문 음식점을 경영하는 이를 가리지 않고 맛있는 음식을 만드는 비결을 물어보면 '재료'의 중요성을 첫 번째로 꼽습니다. 아무리 뛰어난 요리 실력을 갖고 있더라도 재료가 뒷받침이 되지 않으면 제 맛을 내기 어렵다는 것이지요. 그래서인지 '동해별관'에서 맛보는 생선들은 유난히 '재료'가 살아있음을 느낍니다. 생선 한 점 한 점 먹을 때마다 "맛있다"는 것과 더불어 "싱싱하다"는 것을 입과 눈으로 확인하게 됩니다.

음식 이야기를 나누기에 앞서 '동해별관'이 어떤 성격의 음식점인지, 정체성부터 김 대표에게 물었습니다. '동해별관'이 생선을 취급하지만 우리가 흔히 접하는 일식집이나 횟집과는 성격이 다르기 때문입니다. 김 대표는 이렇게 정리를 해주더군요. "우리나라에서 생선을 취급하는 음식점은 두 가지 유형으로 나눌 수 있습니다. 하나는 일식집입니다. 깨끗하고 고급스럽지만 값이 비싼 이미지가 있지요. 또 다른 유형은 소위 횟집입니다. 일식집과 대조적인 이미지를 갖고 있지요. 우리 사회에 격조 있게 손님을 대접하고 싶을 때 한 때 많은 분들이 애용하던 음식점으로 한정식집이 있습니다. 이런 한정식집들은 대개 육고기를 베이스로 하고 있지요. 모두 아쉬움들이 있었습니다. 각각의 장점만을 취한 새로운 형태의 음식점을 열고 싶었습니다. 육고기보다 건강에 좋다는 생선을 베이스로 하되, 비즈니스를 위한 대화도 편안히 나눌 수 있는 품격 있는 음식점을 만들고 싶었습니다. 그렇게 해서 탄생한 것이 '동해별관'입니다." 이런 생각을 갖고 있는 김 대표는 '동해별관'을 해산물 한정식집으로 규정합니다.

'동해별관'이 문을 연 지 16년이 되다보니 알 만한 식도락가는 두루 아는 맛있고 괜찮은 음식점으로 명성을 굳혀가고 있습니다. 이 집의 음식을 맛 본 손님들의 입소문을 타고 이제는 제법 많은 단골손님들이 있습니다. 가족이나 친구, 비즈니스를 위한 모임 장소 문제로 고민하는 분들에게 저희 부부가 강력하게 추천해 드리는 음식점 중 하나가 '동해별관'입니다.

'동해별관'은 해산물 한정식을 코스로 서비스해주는 곳이지만 어떤 생선이 등장하는지를 미리 밝히지 않습니다. 아니 '못하고 있다'는 표현이 좀 더 정확하겠네요. 예컨대 점심정식 메뉴는 이렇게 구성되어 있습니다. 죽+제철해산물+해초쌈+모듬회+생선조림+탕과 식사처럼요. 이처럼 할 수밖에 없는 가장 큰 이유는 메뉴의 핵심인 생선을 미리 정해 놓을 수 없어서입니다. 이곳에서 손님상에 내놓는 생선은 매일 매일 포항 어시장에서 김 대표의 어머님이 골라서 보내주시는 생선 중심으로 짜기 때문입니다.

'동해별관'은 가성비까지 좋습니다. 음식 가격 대비 그만한 질과 선도를 유지하는 생선요리를 강남 일식집이나 횟집에서 찾기 쉽지 않을 겁니다. 비결을 물었습니다. "어머님 덕분이지요. 유통 과정을 단순화했기 때문입니다. 중간 유통 과정 없이 포항 어시장 공판장에서 손님 밥상으로 바로 생선이 올라온다고 생각하시면 됩니다." 요즘 잘 나가던 음식점들도 문을 닫는 집이 늘어나는데 '동해별관'은 어떤지도 궁금했습니다. "김영란법, 단체 회식을 지양하는 사회 분위기 등으로 저희도 타격이 없지 않았습니다. 소위 법인카드 손님이 대폭 줄었으니까요. 하지만 시간이 흐르면서 합리적인 가격에 맛있는 생선요리를 선호하는 새로운 손님층이 생기면서 선방해가고 있습니다."

김 대표에게 '음식'이란 무엇일까도 궁금했습니다. "직업 분류상 음식점은 '제조업'이 아닌 '서비스업'입니다. 서비스업이라면 단순히 음식만을 파는 것이 전부는 아니라고 생각합니다. 고객에게 기쁨을 드려야 한다고 생각합니다. 저희는 준비한 음식이 다 팔렸다는 것이 중요한 것이 아니라 저희 음식을 맛보시고 손님께서 얼마나 만족하셨느냐를 더 소중하게 생각합니다." 이런 마음으로 음식점을 경영하는 대표가 있는 '동해별관'입니다. 우리 곁에 오래 두고 싶은 괜찮은 음식점입니다.

♣ **음식점 정보**
■ **가격**
　－ 코스: 점심 22,000~33,000원,
　　저녁 47,000~55,000원
　－ 단품회: 44,000원
■ **위치**: 서울 강남구 논현동 198-18,
　02-3445-7979
■ **영업시간**: 11:30~22:30(일요일
　휴무)
■ **규모 및 주차**: 70명 내외 수용 가능
　(소규모 및 단체 룸 13개), 10대 이상
주차 가능(발레파킹 서비스)
■ **함께하면 좋을 사람**: ①가족 ★, ②
　친구 ★, ③동료 ★, ④비즈니스 ★

♣ **평점**
맛	★ ★ ★ ★ ★
가격	★ ★ ★ ★ ★
청결	★ ★ ★ ★ ★
서비스	★ ★ ★ ★ ★
분위기	★ ★ ★ ★ ☆

❶ 모둠회(광어, 연어, 참치, 점성어,
　전어세꼬시)
❷ '동해별관' 김도형 대표
❸ '동해별관' 전경

'닭갈비=춘천'을 떠올릴 만큼 닭갈비는 춘천을 상징하는 음식이 되었습니다. 춘천에 가서 닭갈비를 먹고 오지 않으면 무엇인가 빠뜨리고 온 느낌이 들 정도니까요. 저희들도 춘천에 갈 때마다 제법 이름난 닭갈비집들을 두루 다녀봤습니다. 춘천 명동에도 가고 후평동에도 가보았고요. 연륜이 오래된 집도 있고, 미디어를 통해 각광을 받은 집들도 있었지요. 맛있는 집도 있었습니다만, 지나치게 맵거나 달달해서 아쉬웠던 집도 적지 않았습니다. 이러한 아쉬움을 깨끗이 날려버리는 집이 바로 일산에 있는 '명동1번지 닭갈비'입니다.

'명동1번지 닭갈비'라는 상호가 말해주듯이 이 집의 주인장은 춘천 토박이 출신인 노진호(59), 엄혜영(57) 부부입니다. 이 음식점이 처음 문을 열어 버벅댈 때(?) 부터 창립 '단골'이었던 저희 부부는 그동안 이 집이 일산지역의 대표적인 맛집으로 성장해온 과정을 누구보다 가까이에서 지켜본 사람들 중 하나지요. '명동1번지 닭갈비'가 많은 고객들로부터 사랑받는 이유를 관전자 입장에서 하나씩 말씀드리도록 할게요.

첫 번째로 꼽을 수 있는 것은 차별화된 '맛'입니다. 닭갈비의 구성요소는 단순합니다. 닭고기와 채소류, 고춧가루 양념이 전부라고 해도 과언이 아니니까요. 일산 '명동1번지 닭갈비'라고해서 크게 다르지 않습니다. 그럼에도 불구하고 '명동1번지 닭갈비'가 매콤함은 있되 지나치지 않고, 단맛을 품고 있으나 달달함이 주는 거북함이 없는 오묘한 맛을 담고 있는 것은 노진호, 엄혜영 부부가 직접 만드는 고춧가루 양념이 비결입니다.

이 집의 고춧가루 양념장을 만드는 노하우는 '영업비밀'이니 만큼 꼬치꼬치 캐묻는 것이 도리가 아니라 자세히 묻지는 않았습니다. 그러나 양질의 고춧가루, 신선한 과일과 채소 등에 적절한 숙성 시간이 조화를 이루는 맛이라는 것을 어렵지 않게 느낄 수 있습니다. 이들 부부가 수많은 실험과 시행착오를 거치면서 오늘의 맛을 만들어낸 것이기도 하고요.

'명동1번지 닭갈비'는 부드럽고 촉촉합니다. 닭고기는 자칫 퍽퍽한 맛을 내기 쉬운데 이 집의 닭고기에는 적절한 수분이 더해져서 입맛을 돋우는 특별한 식감이 있습니다. 여기에서 중요한 것은 닭고기의 촉촉한 맛을 내기 위해 물이나 식용류 등을 전혀 사용하지 않는다는 점입니다. 촉촉함의 비결은 오로지 양배추 하나. 신선한 양배추가 불판에서 익어가면서 만들어내는 천연 채소즙이 바로 촉촉한 닭고기 맛의 원천입니다.

닭고기와 양배추와 양념장을 넣고 볶아내는 '불판'의 중요성도 빠뜨릴 수 없습니다. '명동1번지 닭갈비'에서는 통 무쇠 불판을 사용합니다. 관리가 편한 가벼운 합금 불판을 사용하지 않고 굳이 무

거운 통 무쇠 불판을 사용하는 것은 맛있는 닭갈비를 볶아내는 데
이만한 것이 없기 때문입니다. 통 무쇠 불판은 가열에 시간이 걸리
지만 일단 가열만 되면 적정 온도를 오래 유지하고, 닭갈비가 불판
에 눌러 붙지 않게 만들어주기 때문이지요.

이 집 닭갈비 맛의 또 다른 비결은 볶는 '순서'와 '정성'입니다.
이곳에서 맛보는 닭갈비는 군침을 돌게 하는 윤기가 흐릅니다. 식
용유를 넣는 것도 아닙니다. 양배추즙이 흘러 닭고기를 감싸는 순
간까지 기다렸다가 닭고기를 볶고, 이어서 고추장 소스로 버무리
는 타이밍과 온도가 차별화된 맛을 냅니다. 이런 노하우는 손님들
이 직접 하기는 어려워 주인장 내외와 오래 훈련받은 직원들이 직
접 볶아줘 손님들은 맛있게 먹기만 하면 됩니다.

'청결'을 어느 음식점보다 각별히 신경 쓰는 곳이라는 것도 말
씀드립니다. 노 대표 부부가 워낙 깔끔한 성격 탓인지 아무리 늦게
영업을 마치더라도 음식점 바닥을 쓸고 닦은 다음 문을 닫는 것을
개업 이래 단 하루도 거르지 않고 있습니다. 닭갈비와 곁들여 나오
는 상추나 깻잎을 보더라도 한장 한장 얼마나 깨끗이 씻어 나오는
지 눈에 띌 정도입니다. 청결한 식기도 마찬가지이고요.

노진호, 엄혜영 부부는 '초심'을 잃지 않으려 노력하는 이들입
니다. 이제 음식점도 자리가 잡혀 조금은 여유롭게 살 법도 한데
개업 초나 지금이나 한결같습니다. 주인장이라고 카운터에 앉아서
계산만 하는 것이 아니라 여느 직원들과 똑같이 주방과 테이블을
오가며 정성을 다해 닭고기를 볶고 서빙하고 손님들과 친근한 대

화를 나눕니다. "닭갈비는 제 삶입니다. 저는 아침에 가게 문을 열고 들어설 때 가장 행복합니다." 언제나 젊은 청년인 노진호 대표의 한마디가 울림을 줍니다.

♣ 음식점 정보
- 가격
  - 단품: 11,000원
- 위치: 경기도 고양시 일산동구 정발산동 686-9, 031-912-9989
- 영업시간: 매일 10:00~22:00 (연중무휴)
- 규모 및 주차: 70석, 식당 주변 주차

- 함께하면 좋을 사람: ①가족 ★, ②친구 ★, ③동료 ★, ④비즈니스 ☆

♣ 평점
맛	★ ★ ★ ★ ★
가격	★ ★ ★ ★ ★
청결	★ ★ ★ ★ ★
서비스	★ ★ ★ ★ ★
분위기	★ ★ ★ ★ ☆

❶ '명동1번지 닭갈비'의 "닭갈비"
❷ '명동1번지 닭갈비'의 노진호 대표
❸ '명동1번지 닭갈비' 전경

'백마 김씨네'

정갈합니다. 신선합니다. 맛있습니다. 그리고 친절합니다. 지하철 3호선 매봉역 1번 출구 바로 옆에 있는 한식 전문점 '백마 김씨네' 도곡 본점에 다녀올 때마다 받는 느낌입니다. 이 집 오픈 초기에는 "처음이니까 그러겠지!"라는 선입견을 가졌었습니다. 시간이 지나도 한결같은 것을 보면서 '이 집은 다르네. 어떻게 이런 큰 규모의 음식점에서 변함없는 자세로 음식을 준비하고 서빙을 할 수 있지!'라는 궁금증이 일었습니다.

궁금증을 푸는 데는 정공법이 최선. '백마 김씨네'의 주인장인 김민자(54) 대표를 만났습니다. 음식에서부터 인생관에 이르기까지 김 대표와 많은 이야기를 나누면서 성실하면서도 사려 깊고 결단력까지 겸비해 성공하지 않을 수 없는 뛰어난 경영자라는 생각이 들었습니다. 먼저, '백마 김씨네' 음식의 정체성이 궁금했습니다. 이 집의 음식은 다양하고 풍성해 기본 바탕은 전라도 스타일이지만 그렇다고 맵거나 짜지 않고 채소샐러드를 비롯해 현대적 감각이 담겨있는 세련된 음식도 함께 나오기도 해서요.

"제 고향이 광주입니다만 저희 집은 일반적인 전라도 음식이라기보다 건강식을 지향합니다. 어머니 손맛으로 만드는 건강식이

'백마 김씨네' 음식입니다." 김 대표의 의지가 담겨서인지 이 집의 음식은 채소나 반찬, 메인 요리를 가리지 않고 살아 숨 쉬는 신선한 재료로 만들고 있다는 것을 식탁에서 눈과 맛으로 바로 느낄 수 있습니다. "조미료를 최소한으로 쓰는 대신 효소를 최대한 많이 사용해 맛을 내려고 노력하고 있습니다. 가능하면 좋은 식재료를 쓰려고 하지만 고민도 많습니다. 식재료는 좋은 것을 쓸수록 그만큼 원가가 올라가니까요. 그래도 하나하나 더 나은 식재료로 바꾸어 가려고 노력하고 있습니다. 고춧가루만 해도 저희 집에서는 100% 순수 국내산만을 씁니다. 영광의 고추농가와 계약 재배한 것을 직접 받아다가 사용하고 있습니다."

'백마 김씨네'는 가족 식사 자리로 훌륭하지만 비즈니스로 사람들을 만나 밥 먹으면서 이야기를 나누는 장소로도 적극 추천합니다. 제법 큰 음식점이라 손님이 붐벼도 어수선함이 없고 다양한 형태의 별실이나 반 칸막이 공간들이 많아 함께하는 분들만의 공간을 만들어주기 때문입니다. 이 집의 음식은 하나같이 근사하지만 추천 드리는 대표 식사 메뉴를 꼽으라면 '떡갈비정식'과 '보리굴비정식'. 두세 분이 함께 식사하시게 되면 두 종류를 섞어서 주문해 골고루 맛을 보는 것도 강추합니다.

김민자 대표와 이야기를 나누면서 세상일이라는 것이 인간의 의지대로만 되는 것이 아니고 '보이지 않는 손'에 의한 섭리도 크게 작용하는구나라는 생각이 들었습니다. 김 대표가 음식점 이름을 '백마 김씨네'로 지은 것은 어린 시절에 집에서 백마를 키웠던 것이 계기. 1960년대부터 동네 사람들이 김 대표 집을 '백마 김씨네'

집으로 불렀던 기억을 되살려 붙인 이름이랍니다. 당시 김 대표 부친은 광주지역에서 농사를 크게 지었을 뿐만 아니라 토마토 등 채소를 비닐하우스로 재배하는 등 그 시절에 앞서가는 농사기법으로 많은 부를 일구었답니다. 그러다보니 "'백마 김씨네'에 가면 후하게 대접 받는다"는 소문이 날 정도로 이웃과 나누고 베푸는 집안 분위기가 있었고, 많은 손님 접대는 자연히 음식 솜씨 좋은 어머님 몫이 되었답니다.

그러나 모든 일이 항상 좋기만 한 것은 아닌지 김 대표의 부친이 전라도 지역의 무와 배추 등 농작물을 가락시장에 내다 파는 유통업에 뛰어들면서 작황 예측이 어렵고 가격 등락이 심한 농산물의 특수성 탓에 가세가 기울어 어린 시절 경제적으로 큰 고통을 받은 경험도 갖고 있답니다. 음식과 전혀 무관한 간호학을 전공한 김 대표와 수의학을 전공한 남편이 신사동에서 동물병원을 운영하다가 음식 사업에 뛰어들게 된 직접적 계기는 광주에서 제법 큰 음식점을 경영하다 어려워진 큰언니를 도와주면서 시작되었답니다.

김 대표가 음식 사업에 뒤늦게 뛰어들었지만 손대는 것마다 성공가도를 달리는 것을 보면 어머니의 음식 솜씨와 아버지의 도전정신과 창의력이라는 유전자를 모두 물려받은 덕분이 아닌지 모르겠습니다. 양재동에서 처음 시작한 토속 전라도음식점, 이어서 오픈한 '갈비사랑'이 모두 성공한 결과가 말해주듯이요. 내성적인 성격이어서 다른 사람 앞에 잘 나서지 않는다는 김 대표지만, 대형음식점을 3개나 운영할 정도의 '통'과 '결단력'도 갖고 있는 그입니다. 그는 매일 아침 세 군데 매장을 돌며 "정직하게 영업해서 고객에게 신뢰받자!"는 구호를 직원들과 함께 외치며 일과를 시작한답니다. 김 대표의 경영철학이자 스스로에 대한 다짐이지요. '백마 김씨네'가 많은 고객의 사랑을 받는 비결은 이처럼 기본에 충실한 데서 나오는 게 아닌가 싶습니다.

♣ **음식점 정보**

■ **가격**
– 단품: 38,000~50,000원대

■ **위치**: 도곡본점. 서울 강남구 도곡동 180-1, 02-579-7113~4

■ **영업시간**: 11:00~22:00

■ **규모 및 주차**: 450석. 전용 주차장(발렛 서비스)

■ **함께하면 좋을 사람**: ①가족 ★, ②친구 ★, ③동료 ★, ④비즈니스 ★

♣ **평점**

맛	★ ★ ★ ★ ★
가격	★ ★ ★ ★ ☆
청결	★ ★ ★ ★ ★
서비스	★ ★ ★ ★ ★
분위기	★ ★ ★ ★ ★

❶ '백마 김씨네'의 "한우떡갈비정식"
❷ '백마 김씨네' 김민자 대표
❸ '백마 김씨네' 전경

'버섯집'

'판사는 판결로 말한다.' 법률가 사회에서 오래 동안 전해오는 말입니다. 판사가 판결문이 아닌 다른 방식으로 판단의 적절성이나 정당함을 언급하는 것은 자칫 변명이 되기 쉽다는 의미를 담고 있습니다. 그만큼 판결문에서 모든 것을 보여주라는 뜻이 있지요. 성격은 다르지만, 음식에도 그 취지를 그대로 적용할 수 있지 싶습니다. 셰프는 음식으로 말한다고요.

서울숲 근처에 있는 아담한 식당 '버섯집'의 홍창민(42) 대표에게서는 판결로 말하는 이와 같은 느낌을 받습니다. 자신이 만드는 음식을 장황하게 소개하거나 어떤 수식이나 과장이 없습니다. 말을 아낍니다. 신선하고 좋은 식재료를 갖고 정성을 다해 만든다는 소박하고 진정성이 엿보이는 설명이 전부입니다. 자신이 만드는 음식이 어떠한지에 대한 판단은 소비자에게 맡기는 사람처럼 말입니다. 그럼에도 불구하고 이 집에는 손님이 끊이지 않습니다. 오전 11시에 가게 문을 여는데 11시 30분경이 되면 줄을 서서 얼마간 기다렸다가 식사를 해야 하니까요. 이런 번거로움에도 불구하고 적지 않은 단골손님들이 기꺼이 기다렸다가 식사를 하는 집입니다.

'버섯집'은 이름 그대로 버섯이 음식의 중심에 있습니다. 처음

이 집을 찾았을 때 먹은 '맑은 버섯 육개장'의 좋은 맛은 지금도 생생합니다. 사골을 우려낸 깊고 담백한 국물과 버섯이 그렇게 잘 어울릴 수가 없었습니다. "이렇게 맛있는 음식을 이 가격에!"에 라는 감탄이 저절로 나왔습니다. 건강한 한 끼 식사로 훌륭할 뿐만 아니라, 술 한 잔 하고 난 다음날 해장음식으로도 참 좋겠다는 생각이 들었고요. 얼마나 맛있게 먹었는지 국물을 하나도 남기지 않았을 정도였습니다.

이 집 테이블에는 메뉴판이 없습니다. 벽에 붙어있는 1장짜리 음식 안내가 전부. 모르긴 해도 굳이 메뉴판을 따로 만들 필요가 없어서가 아닐까 싶었습니다. 음식 종류가 버섯을 재료로 한 탕 요리 4가지와 전골 하나가 전부니까요. '선택과 집중'의 원칙을 확실하게 실천하는 집이라고 할 수 있습니다. 담백한 맛보다 조금 얼큰한 맛을 좋아하시는 분들에게는 '얼큰 버섯 육개장'을, 들깨의 고소함을 즐기시는 분에게는 '들깨 버섯탕'을 추천 드립니다. 전날 약주를 좀 과하게 드셔서 해독이나 진정을 강하게 하셔야 할 분에게는 은이버섯을 넣은 '눈꽃 버섯탕'을 강추합니다.

단품 탕도 좋지만, '버섯집' 요리의 백미는 '버섯 생불고기 전골'. 전골에는 목이버섯, 팽이버섯, 갈색느티만가닥버섯, 흰색느티만가닥버섯, 느타리버섯, 표고버섯, 황금팽이버섯, 은이버섯 등 8가지 종류의 버섯이 생불고기와 함께 담겨 나옵니다. 맛뿐만 아니라 다양한 색상의 버섯과 붉은 소고기가 마치 한 폭의 그림과 같습니다. 아쉬운 점 하나는 전골요리는 주말은 어느 시간대나 가능하나 평일은 저녁에만 먹을 수 있다는 점입니다. 작은 식당이라 부득

이 이렇게 운영할 수밖에 없지 싶습니다.

　버섯이 우리 몸에 좋다는 것은 익히 알려진 사실. 고대 그리스와 로마인들은 버섯을 '신(神)의 식품(the food of the gods)'이라고 극찬하였다고 합니다. 중국인들은 불로장수의 영약(靈藥)으로 대접해왔고요. 그러다 보니 요리에서도 버섯은 대접 받아 주로 다른 요리에 조금씩 첨가해 맛을 돋우는 식으로 귀하게 이용돼 왔습니다. 버섯 종류에 따라 가격이 천차만별이지만 다른 식재료에 비해 고가인 경우가 많지요. 그럼에도 불구하고 '버섯집'에서는 버섯만을 주재료로 하면서 합리적인 가격으로 음식을 판매하고 있었습니다. 비결이 궁금했습니다. "버섯이라고 모두 비싼 것은 아닙니다. 건강에 좋으면서 가격대가 높지 않는 버섯도 적지 않습니다. 저희 집은 매일 대량으로 소비하다보니 조금 저렴하게 버섯을 구입할 수도 있고요." 홍 대표의 설명입니다.

　건강에 좋은 버섯을 저렴하게 구입할 수 있다는 설명에도 음식의 질의 비해 가격대가 너무 진솔해서 잘 이해가 되지 않는다는 표정을 짓자 말을 아끼던 홍 대표는 빙긋이 웃으면서 한 마디를 덧붙입니다. "박리다매(薄利多賣)!" 하지만 30석이 채 안 되는 작은 식당에서 무슨 박리다매를 할 수 있겠습니까. 이런 궁금증은 이 집을 찾을 때마다 동석해 있는 손님들의 면면을 보면서 해답의 실마리를 찾을 수 있었습니다. 이곳의 주된 단골은 주변 직장인. 서울숲 주변 주택가에는 디자인 등 작은 규모의 회사들이 제법 몰려있지요. 과거 의류회사를 다니다가 식당을 차린 홍 대표여서인지 누구보다 이들의 주머니 사정을 잘 아는 주인장의 배려가 더 큰 이유가 아닐까 싶었습니다. 이 집에서 가족이나 친구들과 맛있게 식사를 하고 나면 언제나 행복감을 가득 재충전한 듯한 느낌을 받고 가게 문을 나섭니다.

♣ 음식점 정보

■ 가격
　– 단품: 7,500~15,000원
　– 버섯 생불고기 전골 15,000원
　　(1인분)

■ 위치: 서울 성동구 왕십리로 5길
　9–10, 02–3409–8887

■ 영업시간: 11:00~22:00 (일요
　일 휴무)

■ 규모 및 주차: 28석, 인근 공영 주
　차장 이용

■ 함께하면 좋을 사람: ①가족 ★, ②
　친구 ★, ③동료 ★, ④비즈니스 ☆

♣ 평점

맛	★ ★ ★ ★ ★
가격	★ ★ ★ ★ ★
청결	★ ★ ★ ★ ★
서비스	★ ★ ★ ★ ☆
분위기	★ ★ ★ ★ ☆

❶ '버섯집'의 "맑은 버섯 육개장"
❷ '버섯집'의 홍창민 대표
❸ '버섯집' 전경

외할머니 100년 레시피에 정성을 더한 함경도 순대 맛집
'서교 고메'

"18살 때부터 요리를 했습니다. 일식에서 시작해 이탈리아, 프랑스 등 서양 요리를 배우고 만들었습니다. 하지만 저 자신이 이들 요리의 '맛'을 제대로 알고 만드는 것인지 늘 의문이 들었습니다. 스스로를 되돌아보니 답이 나오더군요. 이제부터 제가 제일 잘 알고 있고, 잘 할 수 있는 요리를 만들자고요. 그게 순대였습니다. 외할머니께서 만들어주신 순대를 어려서부터 먹고 자라 순대 맛은 가려낼 수 있겠다고 생각했습니다."

요리 분야에서 세계적인 명성을 자랑하는 미국 존슨 앤 웨일즈 대학교(Johnson & Wales University)에서 조리학을 전공했고, 미슐랭 3스타를 받은 뉴욕에 있는 프렌치 레스토랑 일레븐 메디슨 파크(Eleven Madison Park), 이탈리안 레스토랑 마레아(Marea), 올소네(Orsone) 등에서 일했던 최지형 셰프(33)가 토종 순대 요리를 내걸고 마포구 망원역 근처에서 '서교 고메'를 오픈한 동기입니다. 최 셰프 정도의 실력과 스펙이라면 외식 시장이 치열한 생존경쟁을 벌인다고 해도 탄탄대로를 걸을 수 있을 텐데 토종 요리를 갖고 새로운 길을 개척하고 있다는 것이 무엇보다 인상적이었습니다.

최 셰프와 이야기를 나누기 전에 요리부터 맛보았습니다. '된

장순댓국밥'을 주문했습니다. 순댓국 하면 느끼하고 특유의 비릿한 향이 있어서 자주 찾지 않는 저 같은 사람의 입맛도 끌어당기는 맛이었습니다. 담백합니다. 비릿함도 없습니다. 탕 속에 들어있는 옹골찬 순대 몇 점은 좋은 재료를 갖고 정성을 다해 만든 것이라는 느낌이 눈과 혀를 통해 그대로 전해졌습니다. 된장과 고추장 등이 적절히 배합된 국물은 약간 칼칼하지만 개운하고 깊이가 있는 맛이었습니다. 작은 옹기에 담아 나오는 고슬고슬하게 갓 지은 쌀밥도 일품이었고요. 시원하고 감칠맛 나는 명태식해를 곁들여 먹으니 순댓국과 조화를 이루며 입안을 깔끔하게 정리를 해줍니다. 순댓국에 대한 편견을 깨뜨려 주기에 충분했습니다.

최 셰프에게 비결을 물었습니다. 옛것을 익히고 그것에 미루어 새것을 안다는 온고지신(溫故知新)의 결과더군요. "외할머님이 올해 104세이십니다. 고향이 함경도고요. 제가 만드는 순대는 외할머님표 레시피입니다. 100년 가까이 된 거지요. 외할머님께서 하신대로 후추를 일체 사용하지 않습니다. 채소를 많이 넣는 것도 저희 집만의 특징이라고 할 수 있습니다. 재료를 조리할 때도 재료마다의 특성을 최대한 살리려고 노력합니다. 순대에는 돼지고기 간 것, 부추, 양파, 당근 등 18가지 재료가 들어갑니다. 번거롭더라도 각 재료마다 최상의 맛을 내는 조리법을 사용하고 있습니다. 모든 식재료는 당일 구입해 당일 사용하는 것을 원칙으로 합니다." 맛있는 순댓국에는 이런 좋은 재료와 정성이 담겨있더군요.

이 집에서 저녁에는 반주와 함께할 수 있는 순대요리들을 맛보실 수 있습니다. 순대 플래터, 순대전골, 돈복 쟁반(수육) 등인데 최 셰프가 외할머님으로부터 물려받은 순대 레시피를 기본으로 하되, 그가 국내외 레스토랑에서 일하면서 갈고 닦은 기량이 함께 녹아있습니다. 그렇다고 정체불명의 어설픈 퓨전(fusion)으로 속단하지 마시기 바랍니다. 그의 요리에는 그만의 색깔을 갖고 있으면서도 전혀 낯설거나 어색하지 않습니다. 노하우를 물었습니다. "밸런스(balance)를 유지하려고 노력하고 있습니다." 어느 한쪽으로 치우치지도 또 넘치거나 모자라지 않도록 하는 조화와 균형이야말로 아무나 흉내 낼 수 없는 고수의 영역이겠지요.

'서교 고메'에 문을 열고 들어서면 흔히 떠올리게 되는 순댓국집 분위기와 전혀 다른 점에 놀라게 됩니다. 깔끔한 서구식 레스토랑에 가깝습니다. 단순하지만 세련된 실내 인테리어, 환한 실내 공간, 개방된 주방, 친절하고 활기 넘치는 서빙은 맛있는 요리와 더불어 찾는 이들의 기분을 좋게 만들어줍니다. 이 집을 찾는 고객 중 젊은 손님들이 많고, 외국인들도 종종 애용한다는 사실이 이를 잘 입증해 줍니다.

최 셰프는 스스로를 호기심과 모험심이 강한 성격이라고 말합니다. 궁금한 거는 못 참고요. 어릴 때부터 손재주가 많던 그에게 요리를 권해준 이는 부모님. 그가 이 분야에 본격적으로 뛰어들기로 마음먹은 것은 아주 소박하고 진솔하더군요. 여행을 좋아하는 그는 적어도 밥하는 재주가 있으면 전 세계 어디를 다녀도 굶어죽지는 않겠다는 생각이 들었답니다. 호기심과 도전정신이 강한 최 셰프는 어떤 꿈을 꾸고 있을까 궁금했습니다. 우리 음식의 세계화에 깊은 관심을 갖고 있더군요. "한식의 세계화는 국가마다 대상에 따라 달라야 한다고 생각합니다. 나라마다 사회문화적 특성과 기호가 다르니까요. 예컨대 독일에서는 우리의 순대요리가 잘 통할 수 있을 겁니다. 이탈리아에서는 꼬리찜요리가 좋은 반응 얻을 수 있을 것이고요. 닭갈비나 닭강정 같은 요리는 미국 쪽에 먹힐 수 있을 겁니다." 우리 요리에 대한 자부심과 지식이 있고 서양 요리도 두루 섭렵한 최 셰프 같은 전문가가 세계무대에서 더 큰 활약을 할 수 있는 날이 빨리 오기를 기대해봅니다.

♣ **음식점 정보**
■ **가격**
 – 단품: 점심(국밥) 8,000원, 저녁 18,000~32,000원
■ **위치**: 서울 마포구 월드컵로 14길 19, 02-332-3626
■ **영업시간**: 점심 월~금 11:30~ 14:30, 저녁 월~일 18:00~ 22:30
■ **규모 및 주차**: 26석, 별도 주차장 없음, 대중교통 이용 권유(지하철 6호선 망원역 1번 출구에서 5분 거리)
■ **함께하면 좋을 사람**: ①가족 ★, ② 친구 ★, ③동료 ★, ④비즈니스 ★

♣ **평점**
맛	★ ★ ★ ★ ★
가격	★ ★ ★ ★ ★
청결	★ ★ ★ ★ ★
서비스	★ ★ ★ ★ ★
분위기	★ ★ ★ ★ ☆

❶ 된장순댓국밥
❷ '서교 고메'의 최지형 셰프(좌)와 최원혁 대표(우)
❸ '서교 고메' 전경

'소녀방앗간'

"찧고 빻는 역사가 한국 음식의 역사이고, 그들이 소녀방앗간의 주인공입니다. 편리하고 건강하고 투명한 방앗간으로서 생산자와 소비자를 연결하는 공간으로 만들어가겠습니다." 서울숲 근처 성수동 골목에 자리 잡고 있는 한식 밥집 '소녀방앗간'이 지향하는 모토입니다. '소녀방앗간'이 추구하는 목표에서 읽을 수 있듯이 먹거리에 대해 많은 성찰을 하면서 메뉴를 짜고 음식을 준비하고 있는 집입니다.

인터뷰 전에 이 집의 간판 메뉴인 '산나물밥'을 주문해 시식했습니다. 조그만 사각 식판에 담겨져 나온 식사는 시각적으로 깔끔했습니다. 넘치지도 그렇다고 모자라지도 않는 소박한 밥상이었습니다. 산나물 향이 연이어 코를 찔렀습니다. 자연산 나물에서 나는 특유의 향이었습니다. 고소한 들기름 냄새는 입맛을 다시게 만들어주었고요. 산나물과 윤기가 자르르 흐르는 따뜻한 밥 위에 간장을 조금씩 넣어가면서 비벼 먹었습니다. 식사하는 내내 '참 좋은 재료로 정성스럽게 만든 음식이구나'라는 생각이 절로 들었습니다. 이런 멋진 식사 한 끼 요금이 7천 원. 밥은 두 사람이 먹어도 넉넉할 정도인 공깃밥 두어 그릇 분량. 평소 식사량대로 한 공기만 먹을까하다가 너무나 정성스럽게 만든 음식이어서 쌀 한 톨 남기지 않고 깨끗이 비웠습니다.

맛있게 음식을 먹고 나니 음식에 얽힌 스토리를 알려주는 여러 안내 글들이 눈에 들어왔습니다. 일종의 스토리텔링이지요. '산나물밥'은 월산댁 뽕잎과 일포댁 취나물을 기본 재료로 해서 진보정미소에서 도정한 지 30일이 안 된 햅쌀로 밥을 짓습니다. 여기에 방위순 할머니가 만든 간장, 장순분 어르신의 들깨로 짠 들기름이 들어갑니다. 최고급 식당에 가서도 누릴까 말까한 자세한 식재료 원산지 이력을 이 집에서는 모든 메뉴에 철저히 적용하고 있습니다. 자신감이 없으면 할 수 없는 일입니다. 음식에 대한 남다른 철학과 가치관을 갖고 있는 이들만이 할 수 있는 일입니다.

'소녀방앗간'의 김민영(29) 대표를 만났습니다. 인터뷰 전에 여러 자료를 읽은 관계로 어려서부터 고생 많이 하며 자란 대학 휴학생 신분이라는 것은 알고 있었지만, 그와 긴 시간 음식과 가치관 등에 대해 이야기를 나누면서 가슴이 뭉클했습니다. 앳된 외모와 달리 역경을 이겨내며 사업을 일궈가는 투지와 열정, 인간에 대한 사려 깊음, 스스로에 대한 겸손함과 해맑은 미소를 잃지 않는 순수함이 주는 감동입니다. 요리의 '요' 자도 몰랐다는 김 대표가 어떻게 밥장사를 시작하게 됐는지부터 물어보았습니다.

김 대표는 '위로'라는 말로 말문을 열었습니다. "어렵게 자랐습니다. 11평 임대 아파트에서 온 식구가 살았으니까요. 아파트 평수로 사람을 가르는 모습을 어릴 때부터 보았습니다. 경제적 궁핍이 주는 박탈감이 컸습니다. 삼시세끼 삼각김밥과 컵라면으로 식사를 때운 적도 많았고요. 그 시절, 상실감과 좌절에 빠져있던 24살 도시 처녀였던 제가 가까운 언니와 함께 경상북도 오지인 청송에 찾아간 적이 있습니다. 청송의 어르신들께서 생면부지인 저에게 따뜻한 밥상을 차려주셨습니다. 고단하게 살며 지친 제가 큰 위로를 받았습니다. 평생 잊을 수 없는 식사였습니다."

청송에서 '위로'를 받은 김 대표는 이를 여러 사람과 나눌 수 있는 방법을 찾았습니다. 그렇게 해서 탄생한 것이 '주식회사 방앗간 컴퍼니'. 일에 대한 남다른 열정과 추진력, 여러 사람들을 아우르고 조화를 시켜나가는 리더십 덕분에 어릴 때부터 '네가 하면 잘할 거야'라는 말을 들어온 김민영 씨가 소셜 벤처 회사의 대표를 맡은 것은 너무나 자연스러운 수순이었는지 모르겠습니다.

김 대표는 자신의 주된 소임을 음식점 운영에 머물지 않고 시골 농촌의 청정 식재료 생산자와 도시 소비자를 이어주는 가교 역할에 두고 있습니다. '소녀방앗간' 운영 외에 청정 식재료 판매, 청정 도시락과 음식 케이터링 서비스 등으로 사업을 확장해 나가는 것도 같은 맥락이고요. 이렇게 해서 탄생한 것들이 산골 오지에서 재배한 야생차, 재래 장류와 전통 소금, 저온 착유 참기름과 들기름 등 청정 식재료 상품들인데 명절선물로도 인기가 높습니다.

하루 24시간을 쪼개어 살고 있는 김 대표지만 오전에는 '소녀방앗간'에서 다른 직원들과 함께 음식 만드는 일에 매달리고 있습니다. '자만하지 마라. 현장을 지켜라, 겸손하라'. 김 대표는 아버지가 그에게 준 가르침을 매일 가슴에 새기며 실천하고 있는 예쁜 딸이기도 합니다. "농업과 농촌에 대해 우리가 관심을 갖게 된 시작점은 '사람'입니다. 서로의 빈자리를 채워가는 것이 우리의 일이라 생각합니다. 도시의 절망을 농촌의 희망으로, 농촌의 절망을 도시의 희망으로 위로하고자 합니다." 참 멋진 젊은이입니다. 이런 따뜻한 마음을 갖고 있는 이가 만드는 음식이 어찌 맛있지 않을 수 있을까요.

♣ **음식점 정보**

■ **가격**
 – 단품: 7,000~8,000원

■ **위치(소녀방앗간 시작점)**: 서울 성동구 성수동 1가 668-35 1층, 02-6268-0778

■ **영업시간**: 10:00~21:00 (브레이크 타임 15:00 ~17:00, 설날 및 추석 연휴 3일 휴무)

■ **규모 및 주차**: 40석, 인근 공영 주차장 이용

■ **함께하면 좋을 사람**: ①가족 ★, ②친구 ★, ③동료 ★, ④비즈니스 ☆

♣ **평점**

맛	★ ★ ★ ★ ★
가격	★ ★ ★ ★ ★
청결	★ ★ ★ ★ ★
서비스	★ ★ ★ ★ ☆
분위기	★ ★ ★ ★ ☆

❶ '소녀방앗간'의 "산나물밥"
❷ '소녀방앗간'의 김민영 대표
❸ '소녀방앗간' 전경

'송이와 은어 향기'

맛있는 요리를 만드는 셰프들에게 비결을 물어보면 좋은 재료와 정성을 꼽는 이들이 많습니다. 서울공항 근처에 있는 '송이와 은어 향기'의 주인장인 홍강선(57), 이숙자(51) 부부를 보면 정성의 '끝판왕'을 보는 것 같습니다. 이 집의 대표 메뉴는 가게 이름 그대로 송이와 은어. 송이는 산에서 나고 은어는 강에서 나지만 둘 다 향이 좋고, 우리나라에서 가장 외진 곳 중 하나인 경북 봉화의 특산품이라는 공통점이 있습니다.

귀한 자연산 송이와 은어를 갖고 맛있는 요리를 만드는 홍강선 대표로부터 식재료를 구하고 조리 과정을 설명 들으면서 고개가 절로 숙여졌습니다. 이 집의 대표 메뉴이자 저희도 즐겨먹는 '송이칼국수'는 이렇게 만들어집니다. 핵심인 육수는 새우, 청어, 전갱이, 다시마, 표고, 오가피, 엄나무, 각종 채소류를 넣고 오랜 시간 우려내 만듭니다. 청어나 전갱이 등 해산물은 2년 정도 냉동실에 보관해 결을 삭혀서 사용하고요. 무나 대파도 생으로 쓰는 것이 아니라 일일이 말린 것을 사용합니다. 그래야 담백한 맛이 나오기 때문입니다. 육수를 만들 때 한약 달이듯이 은은한 불로 오랜 시간 공을 들입니다. 이렇게 만든 육수를 베이스로 해서 송이 칼국수가 만들어지는데 어찌 남다른 맛을 내지 않을 수 있을까요. 국물 한 방울도 남기기 아까울 정도입니다.

이 집의 또 다른 별미는 은어 요리. 은어 요리는 은어매운탕, 은어칼국수, 은어튀김, 은어조림, 은어소금구이 등이 있는데 그 중에서 '은어소금구이' 하나만 소개해 드리지요. 이 집 은어구이는 화롯불에 낮은 온도에서 30분가량 구워내는 것이 특징입니다. 높은 온도로 구우면 타버리기 때문에 겉은 바삭하되 속을 골고루 익히기 위해서는 시간이 걸리더라도 낮은 온도로 굽는 것이 가장 좋은 방법이기 때문입니다. 노릇노릇하게 잘 익은 은어가 커다란 접시 위에 담겨 나오는 모습을 보면 이건 하나의 예술작품이라는 느낌을 지울 수 없습니다. 살아있는 은어가 물 위에서 헤엄치고 노니는 것이 아닐까 착각이 들 정도니까요. 이 집에서 귀한 은어구이를 사철 맛볼 수 있는 것은 가을철에 대량으로 잡아 급랭시켜 보관하는 시설을 갖추고 있기 때문입니다. 서울 유명 일식당 등에서도 은어가 필요하면 이 집을 통해 배달받고 있을 정도로 은어에 관해서는 자타가 공인하는 전문성을 갖고 있습니다.

경북 봉화 출신의 홍 대표의 대학 때 전공은 법학. 대학 졸업 후 건설 회사를 거쳐 일본계 회사에서 일을 했답니다. 그러던 차에 자기 사업을 하고 싶어 차린 것이 송이와 은어 유통업이었답니다. 어릴 때부터 친숙했던 봉화 특산품인 송이와 은어가 떠올랐고, 송이와 달리 은어는 서울 등 수도권에서 제대로 유통되는 루트가 없다는 데 주목한 것이지요. 이렇게 송이와 은어 유통업으로 시작한 일이 요리로까지 발전한 것이지요.

꼼꼼하고 치밀한 홍 대표는 어느 것 하나 대충하는 법이 없습니다. 봉화에 사는 형님이 직송해주는 송이와 은어, 약우 한우를 제외하고는 새벽부터 가락시장에 나가서 신선한 식재료를 직접 고릅니다. 새로운 요리가 생각나면 한밤중이라도 일어나 실험을 하면서 희열을 느낀다는 사람입니다. 요리 하나하나마다 수많은 테스트를 거쳐 재료에서부터 제조 과정에 이르기까지 연구하고 연구하며 완성도를 높입니다. 누가 시켜서 하는 일이라면 절대로 할 수 없는 일이지요.

'송이와 은어 향기'에 가시면 놀라실 게 하나 더 있습니다. 이렇게 좋은 재료와 훌륭한 맛을 갖고 있는 음식임에도 불구하고 가격이 의외다 싶을 정도로 합리적이라는 사실입니다. 저희들처럼 다른 분들도 궁금해 하시는지 진짜 자연산 송이를 사용하는지 묻는 사람들도 있는 모양입니다. 홍 대표의 설명은 이렇습니다. "진짜 자연산 송이이고 청정 은어입니다. 저희가 가격을 낮출 수 있는 것은 봉화 출신이고 형제자매들이 지금도 봉화에 살고 있어 산지에서 재료의 속성과 확보 시기 등을 정확히 알 수 있기 때문입니다. 송이가 비싸기는 하지만 가격 등락이 심해 출하시기를 잘 맞추면 상대적으로 저렴하게 구입할 수 있습니다. 은어도 마찬가지이고요. 가을철 알배기 등을 대량으로 확보해 급랭시켜 놓으면 봄철까지 생선의 풍미를 유지하며 맛을 볼 수 있으니까요."

'송이와 은어 향기'를 처음 방문했던 날의 기억이 새롭습니다. 늦은 저녁 시간이었는데 어느 분이 주방 옆 테이블에서 작은 산도라지를 일일이 손으로 다듬고 있었습니다. 시장에서 껍질을 벗겨놓은 도라지를 사서 요리를 하면 편할 텐데 하루 종일 일하고 늦은 저녁 시간에 손수 작업을 하더군요. 알고 보니 홍 대표의 부인인 이숙자 씨더군요. 가게에 갈 때마다 늘 빙긋이 웃기만하고 별 말씀이 없으신 분이지만 넉넉한 마음과 여유가 보기 좋습니다. 장인 기질이 있는 홍 대표 곁에 이런 분의 소리 없는 내조가 있어 음식점에 갈 때마다 마음이 따뜻해지고 행복감을 가득 담아 오는지 모르겠습니다.

♣ 음식점 정보
■ 가격
 – 단품: 9,000~15,000원
 – 정식: 15,000~20,000원
■ 위치: 경기도 성남시 수정구 시흥동 164-1, 031-758-6600
■ 영업시간: 09:30~22:00(휴무일 없음)
■ 규모 및 주차: 48석, 음식점 앞 5~6대 주차 가능

■ 함께하면 좋을 사람: ①가족 ★, ②친구 ★, ③동료 ★, ④비즈니스 ★

♣ 평점
맛　　　★ ★ ★ ★ ★
가격　　★ ★ ★ ★ ★
청결　　★ ★ ★ ★ ★
서비스　★ ★ ★ ★ ★
분위기　★ ★ ★ ★ ☆

❶ 송이칼국수
❷ 은어소금구이
❸ '송이와 은어 향기'의 홍강선(우), 이숙재(좌) 부부
❹ '송이와 은어 향기' 전경

'하영호 신촌 설렁탕 본점'

대한민국 사람이라면 누구나 단골 설렁탕집을 두서너 군데 갖고 계실 겁니다. 설렁탕 맛을 판별하는 안목에 있어서도 다들 일가견이 있으십니다. 그래서 설렁탕 맛집을 안내해 드린다는 것이 무척 조심스럽습니다. 이런 저런 고민을 뛰어넘어 소개해 드리는 집이 도곡동에 있는 '하영호 신촌 설렁탕 본점'입니다.

'신촌 설렁탕'이란 이름은 낯설지 않으실 겁니다. 본점은 아니더라도 한두 집 가보신 분들이 적지 않으실 거라고 생각합니다. 유명인사들의 맛집이자 서민 맛집으로 TV를 비롯해 미디어를 통해서도 종종 소개된 적이 있으니까요. 이처럼 이미 지명도가 있지만 하영호(57) 대표의 남다른 집념과 열정, 확고한 철학에 감동을 받아 안내해 드립니다.

'하영호 신촌 설렁탕 본점'의 음식 맛은 저희가 구구하게 설명 드리기보다 이 집을 다녀간 여러 미식가과 고객들의 평을 인용하는 것으로 대신하겠습니다. "난 설렁탕을 찾아서 먹고 싶을 때 하영호 신촌설렁탕 본점을 간다. 이 집 설렁탕 국물은 고소하고 적당하다. 설렁탕의 건더기 고기를 먹다 보면 삶은 고기도 참 좋구나 하는 생각이 든다. 잡내 없이 식감을 살렸고, 맛도 은은하게 유지시켜 매력적이다. 섞박지와 배추김치도 시어서 흐물거리는 것도 없고 은은하게 매우면서 소금 간도 적당하다."(전문가 A), "담백한 맛. 조미료 없이 끓이는 설렁탕."(전문가 B), "깊이가 느껴지는 맛 깔스런 설렁탕."(고객 C)

이런 음식을 만들어낸 하영호 대표는 경기도 화성 출신으로 중학생 때 아버님이 돌아가셨고 20대에 어머님도 여의었습니다. 집안도 넉넉지 않았습니다. 공고를 졸업했고 우여곡절 끝에 뒤늦게 대학(중앙대 경영학과)을 졸업했습니다. 일반 회사에 들어가 조직 생활을 하는 것은 자신에게는 아니다 싶어 대학 때부터 자영업을 생각해왔지만 준비된 것이 없어 몇 군데 기업체에 취직을 시도하다가 언론사에서 광고 마케팅 일을 했습니다. 언론사에서 일하면서도 그는 외식업을 창업해 보겠다는 꿈을 놓은 적이 없답니다.

1960년 창업해 설렁탕 명가로 장안에서 소문이 자자했던 '신촌 설렁탕'의 김영옥-이병우 여사의 맥을 이어받아 하 대표는 1998년 신사동에 가게를 오픈했습니다. 지금의 도곡동으로 터전을 옮기기까지 21년 동안 말할 수 없는 각고의 세월을 보냈더군요. 오늘의 설렁탕 명가는 그의 땀과 눈물의 소산이라고 할 수 있습니다. 맛있는 음식을 만드는 것은 기본이고 추운 한겨울에 전단지를 만들어 직접 배포하고 배달도 다녔습니다. 그의 정성에 감동해 단골들이 늘었고 드디어 점심때 줄서서 기다리며 먹는 음식점이 된 것이지요. 목표를 세우면 완수하는 집념, 옛것을 존중하되 안주하지 않고 더 좋은 음식을 만들기 위한 탐구심과 도전정신, 타고난 부지런함과 성실성, 거기에 유연한 대인관계가 오늘의 성공을 일군 비결이더군요.

어떤 일을 해도 성공했을 하 대표는 자신만 잘 먹고 잘 살려는 사람이 아닙니다. 음식업으로 창업을 하려는 분들을 적극적으로 돕는 것도 그가 요즘 심혈을 기울이는 일 중 하나입니다. 음식점이 좀 잘된다 싶으면 프랜차이즈를 만들어 보다 많은 수익을 창출하려는 분들과 달리 그는 '전수창업(傳受創業)'으로 응원을 하고 있습니다. 이 방식은 요리 제조 기법에서부터 음식점 경영에 이르기까지 음식점 경영을 위해 필수적인 핵심 노하우를 전수해주면서 가게의 창업 과정을 도와주는 거지요. 일반 프랜차이즈처럼 식재료 공급, 인테리어나 홍보비 등을 따로 챙기지 않고 최소의 실비만 받고 노하우를 전수합니다. 일단 독립해 나가면 그 이후는 창업자가 자율적으로 능력껏 알아서 하도록 하는 것이지요. 이러한 방식으로 '하영호 신촌설렁탕' 또는 '신촌 설렁탕' 등의 이름으로 문을 연 가게가 70여 군데나 됩니다.

설렁탕이 하 대표에게 어떤 의미가 있는지 궁금했습니다. "설렁탕은 제 인생입니다. 오랜 시간 정성을 다해 고아야 제 맛이 나거든요. 제가 목표로 삼는 맛을 내기까지 아직 갈 길이 멉니다. 더 많은 연구와 노력을 할 계획입니다. 저희 집을 찾아주시는 단골손님들께서 주변 분들에게 '여기가 내 단골집이야'라고 당당히 말하실 수 있도록 하는 게 저의 소망입니다."

365일 24시간 운영하는 이 집에 가면 언제나 하 대표나 아들인 하성훈 군을 만나실 수 있습니다. 음식점 일이 고되다 보니 가업을 이어받지 않으려는 2세들이 많은 것이 요즘 세태인데 하 군은 언제 가도 상냥하고 묵묵히 일을 배우고 있더군요. 하 대표는 자식에게 늘 '겸손하라'고 가르치고 있다지만 청출어람(靑出於藍)이라고 대를 이어가며 더 잘할 싹수가 엿보입니다. 자식이 부모보다 더 빛날 가능성이 있다는 것은 참으로 부러운 일이지요. 설렁탕 고수와 그의 가족이 힘을 모아 만들어가는 설렁탕 맛이 궁금하시다면 오늘이라도 도곡동 '하영호 신촌 설렁탕 본점'에 들러보세요.

ps. 설렁탕과 곰탕의 차이를 하 대표에게 물었습니다. 설렁탕은 뼛국물, 곰탕은 고깃국물 베이스라고 하네요.

♣ 음식점 정보
■ 가격
– 단품: 8,000~20,000원대
■ 위치: 서울 강남구 도곡동 423-4, 02-572-5636
■ 영업시간: 24시간(명절 당일과 익일만 휴무)
■ 규모 및 주차: 93석, 발렛파킹

■ 함께하면 좋을 사람: ①가족 ★, ②친구 ★, ③동료 ★, ④비즈니스 ☆

♣ 평점

맛	★ ★ ★ ★ ★
가격	★ ★ ★ ★ ★
청결	★ ★ ★ ★ ☆
서비스	★ ★ ★ ★ ★
분위기	★ ★ ★ ★ ☆

❶ 설렁탕
❷ 하영호 대표
❸ '하영호 신촌설렁탕 본점' 전경

'도루묵'이라는 생선에 얽힌 일화는 많은 분들이 한 번쯤 들어보셨을 것입니다. 임진왜란 당시 선조 임금이 고생고생하며 피난 가던 중 어느 마을에 이르러 백성들이 올린 생선을 드셨습니다. 그 맛이 별미여서 생선 이름을 물었답니다. 사람들이 '묵'이라고 해서 선조가 고기 맛에 비해 이름이 떨어진다며 격조 있는 '은어(銀魚)'라는 이름을 지어줬다는 것이지요. 이후 전란이 끝나고 궁중으로 돌아온 선조가 '은어' 생각이나 다시 청하여 먹었으나 피난 길에서 먹었던 그 맛이 아니라 "'은어'를 도로 '묵'이라고 해라."라고 일렀다는 이야기이지요. '도로 묵'의 발음이 나중에 변해서 '도루묵'이 되었다는 것이고요. 이런 사연을 가진 생선이어서인지 '도루묵' 하면 많은 분들이 맛에 대해 별로 기대를 하지 않는 경향이 있습니다.

하지만 '도루묵'은 가볍게 볼 생선이 아닙니다. '도루묵'이 맛있고 건강에도 좋은 근사한 요리라는 것을 저희들에게 일깨워 준 집이 있습니다. 양재동 주택가 골목 안에 있는 '어진'입니다. 동해안 제철 생선요리를 전문으로 취급하는 곳입니다. 이 집의 도루묵 구이와 찜은 지금까지 저희들이 먹어 본 도루묵 요리 중 단연 발군이었습니다. 도루묵구이요리는 알배기를 오븐에서 알맞게 구워냈는데 부드럽고 담백한 맛, 톡톡 터지는 고소한 알의 맛이 일품이었습니다. 가운데 큰 뼈를 제외하고는 모두 그대로 먹을 수 있고요. 찜요리에 담긴 도루묵도 비릿함이 전혀 없는 담백한 맛이었는데, 생선 못지않게 인상적인 것은 시레기 맛. 강원도 강릉에서 재배해 건조시킨 시레기만을 사용한다는데 도루묵과 조화를 이루며 부드럽게 씹히는 식감이 입맛을 돋궈줍니다. '어진'은 동해안 제철 생선요리를 전문으로 취급하는 집답게 철따라 주력 요리가 달라집니다. 가을철에는 전어와 도루묵, 겨울에는 도치, 양미리와 도루묵, 봄에는 생멸치회무침, 여름에는 물회가 있습니다.

'어진'은 홀은 조영정(58) 대표가 담당하고 주방은 그의 부인인 홍영주(54) 대표가 책임을 맡고 있는 체제로 운영하고 있습니다. 조 대표에게 요리를 직접 만들어 보지도 않은 분이 뭘 믿고 가게를 오픈했느냐고 묻자 평소 의지할 데가 있었나 봅니다. 무엇보다 부인 홍 대표의 요리 실력. 홍 대표는 요리를 잘했던 친정어머니로부터 솜씨를 물려받았는지 신혼 시절 일고여덟 차례의 집들이를 모두 혼자서 다 치러냈고, 이들 부부의 집을 찾는 이들은 이구동성으로 그녀의 음식 솜씨를 높이 평가해 주었답니다. 조 대표가 IMF 금융위기 시절 모 대기업에서 퇴직한 후 벤처 사업을 거쳐 우여곡절 끝에 음식점을 오픈할 수 있었던 것은 부인의 이런 음식 솜씨가 결정적이었다고 해도 과언이 아닌가 싶습니다.

성실함이 뚝뚝 묻어나는 이들 부부지만, 성실성만으로 맛있는 음식이 만들어지는 것은 아니어서 인상적인 음식을 만들어내는 비결을 물어봤습니다. 역시 좋은 맛의 기본은 신선한 재료이더군요.

"저희 집은 최대한 신선한 생선과 식재료를 사용하려고 노력하고 있습니다. 저희 집 식재료가 비록 최상급이라고는 할 수 없지만 적어도 정직하려고 노력하고 있습니다. 소중한 손님들이 돈을 내고 드시는 음식인데 이문만 따져서 아무 식재료나 사용할 수는 없으니까요. 당장의 이익보다 정직한 식재료를 갖고 정성껏 음식을 만들어야 오래 손님을 모실 수 있다는 믿음으로 가게를 운영하고 있습니다." 조 대표의 답변입니다. 냉동 생선을 사용하지 않는 것, 요리는 다소 시간이 걸려도 주문과 동시에 만든다는 것 역시 이 집만의 특징이고요. 결국 정직＋정성이 '어진' 음식 맛의 비결인 셈입니다.

'어진'의 요리들은 얼핏 보면 평범해 보이지만 하나 같이 특별함을 갖고 있습니다. 이 집 메뉴판에 담겨있는 요리들을 보면 화려하고 고급스런 어종 보다 전어, 도루묵, 도치(동해바다 심해에서 서식하며 '심퉁이'로도 불리는 생선), 망치(강릉지방 별미, 아구과의 자연산), 양미리, 생멸치 등 토속적이고 서민적인 생선들이 주류를 이루고 있습니다. 찜 요리에 들어가는 강원도 산 시래기도 그렇고요. 홍 대표는 어릴 때 고향에서 늘 먹던 집 밥 같은 음식들이라고 하지만, 메뉴 하나하나가 가족이나 친구, 직장 동료 등 좋은 분들과 함께하기에 그만인 음식들입니다.

음식점 이름을 '어진'으로 지은 연유도 궁금했습니다. 바리톤 오현명이 불러 유명해진 우리 가곡 '명태'에서 따왔다는군요. 노래 말을 잘 들어보면 "…어떤 어진 어부의…"가 나오는데, 어진 어부라는 말이 너무 마음에 들어 상호로 지었답니다. 요즘 세태와는 다르게 초심을 잃지 않고 한결같이 어질게 살아가려는 이들 부부의 모습과 '어진'이라는 가게 이름이 그렇게 잘 어울릴 수가 없어 보입니다. 어진 이들이 정성껏 만든 생선요리를 사랑하는 가족이나 친구들과 꼭 한번 즐겨보세요.

♣ 음식점 정보
- **가격**
  - 단품: 15,000~40,000원대
- **위치**: 서울 서초구 양재동 242-4, 02-2058-2933
- **영업시간**: 11:00~22:00 (브레이크 타임 15:00~17:00, 2·4주 일요일 휴무)
- **규모 및 주차**: 105석, 음식점 앞 7대 주차 가능

- **함께하면 좋을 사람**: ①가족 ★, ②친구 ★, ③동료 ★, ④비즈니스 ★

♣ 평점

맛	★ ★ ★ ★ ★
가격	★ ★ ★ ★ ★
청결	★ ★ ★ ★ ★
서비스	★ ★ ★ ★ ☆
분위기	★ ★ ★ ★ ☆

❶ 도루묵 구이
❷ 오징어 통찜
❸ '어진'의 조영정, 홍영주 대표
❹ '어진' 전경

'옥동식'

요식업계에서 주목 받고 있는 셰프를 만났습니다. 요식업계에서 알아주는 프로급 셰프 여러분으로부터 강력한 추천이 있었습니다. 음식 감별에 '선수'라고 할 만한 미식가들의 천거도 있었습니다. 궁금했지만 여러 일정들이 겹쳐서 몇 개월을 미뤘습니다. 인연이 닿아서 어느 날 불시에 합정역 근처 골목 안에 있는 조촐한 음식점을 방문했습니다. 이후 여러 차례 만나 음식을 맛보고 이야기를 나눴습니다. 명불허전(名不虛傳). 남달랐습니다. 가게 이름부터 메뉴와 서비스, 식당 분위기, 주인장의 개성까지. 이런 특별한 맛집, '옥동식'을 안내합니다.

'옥동식'은 가게 이름부터 독특합니다. 음식점의 주인이자 셰프의 이름이 옥동식(玉同植, 45)입니다. 자신의 이름을 따서 가게 이름을 지었습니다. 다만 한자만 바꿔서. 그렇게 탄생한 음식점이 '옥동식(屋同食)'입니다. '같은 음식을 먹는 집'이라는 뜻이 있고, '함께 음식을 먹는 집'이라는 뜻도 담겨있습니다. 어떤 뜻이 됐던 범상치 않습니다.

이 집의 음식 메뉴는 단 한 가지. '돼지곰탕'입니다. 이름만 달리 붙였을 뿐 우리들이 가끔씩 먹는 돼지국밥입니다. 평범하고 서민적인 돼지국밥으로 많은 이들의 주목을 받았다니 그 맛이 무척 궁금했습니다. 연륜이 묻어나는 방짜 전통유기 그릇에 담겨 나오는 돼지곰탕은 맛을 보기에 앞서 시각적으로도 여느 돼지국밥과 달랐습니다. 국물이 맑았습니다. 밥 위에 돼지고기 몇 점이 얇게 썰려서 올려 있었고, 거기에 진녹색의 작게 썬 파를 뿌리듯이 살짝 얹었습니다. 아름다웠습니다. 평범한 돼지국밥이 '작품'이 됐습니다.

맛을 보았습니다. 국물을 한 숟가락 입에 넣었을 때 혀에서 전해오는 느낌은 담백함 그 자체였습니다. 돼지국밥의 비릿함이 없었습니다. 고기도 부드럽고 맛이 좋았습니다. 국물안의 밥알이 살아있었습니다. 국물의 온도가 지나치게 뜨겁지 않았고 그렇다고 식지도 않은 80도 정도를 유지하고 있었습니다. 식감을 끌어 올려주었습니다. 간도 적절히 맞춰있었고요.(염도 0.8)

이런 맛있는 돼지곰탕을 만든 비결이 궁금했습니다. 옥 대표 역시 다른 맛집처럼 좋은 식재료를 갖고 정성을 다해 만든다는 공통점이 있더군요. 이 집에서 사용하는 돼지고기는 맛이 특별하다는 흑돼지 '버크셔K'입니다. 국밥 안에 넣는 쌀밥은 밥을 지은 다음 커다란 나무통에 담아 한 김을 뺀 것을 사용하더군요. 이런 밥을 그릇에 담아 손님에게 음식을 낼 때에는 뜨거운 국물을 여러 번 부었다가 따라내는 '토렴' 과정을 거칩니다. 유일한 반찬인 김치는 잘 익고 맛있는 경남 남해에서 올려온 것을 내놓습니다.

이게 전부라면 '옥동식'은 그저 맛있는 돼지곰탕에 머물렀을 겁니다. '옥동식'에는 가게 분위기에서도 범상치 않다는 느낌을 줍니다. 옥 대표는 명쾌하게 하나의 키워드로 정리해 주더군요. '효율'. '옥동식'의 메뉴가 '돼지곰탕' 하나인 것은 효율을 위해서랍니다. 음식점의 구조도 바 스타일의 식탁과 주방이 하나로 된 공간입니다. 주방도 100% 오픈되어 있고요. 식당 규모가 한 번에 10명 남짓 앉을만한 작은 공간이기도 하지만, 얼마 전까지 옥 대표 혼자 음식 만들고 서빙하고 뒷정리를 신속히 하기 위해서는 '효율'을 생각지 않을 수 없었다는 것이지요. 탕을 끓이고 덥히는 주방기기가 가스레인지가 아닌 인덕션을 사용하는 것 역시 에너지 효율을 생각해서랍니다.

'옥동식'의 남다름에는 음식에 대한 옥 대표의 확고한 소신도 한몫을 해보입니다. 옥 대표는 손님의 비위를 적당히 맞추는 요리사는 아닙니다. 셰프는 맛있는 음식을 손님들에게 드리기 위해 최선의 노력을 다해야하지만, 고객 역시 상응하는 노력이 필요함을 강조하는 그입니다. 이 집에서 예약을 받지 않는 것은 협소한 공간 탓도 있지만 예약 하고 연락 없이 나타나지 않는 이가 많은 우리 예약문화를 지적하는 그 입니다.

대학에서 요리를 전공하고 호텔 셰프를 거쳐 독립한 베테랑 요리사인 옥 대표는 이처럼 자부심이 강해 보입니다. 그런 그에게 음식이란 무엇인지를 물어보았습니다. 막힘없이 답변하던 그에게서 의외의 답이 나오더군요. "갈수록 음식이 어렵다는 생각이 듭니다. 맛있는 음식이 무엇인지 여전히 잘 모르겠습니다. 음식을 만든다는 일이 워낙 변수가 많아서요. 매일 매일 나 자신과의 싸움을 하고 있습니다." 치열한 전쟁터 같은 요식업계에서 옥 대표가 두각을 나타내는 숨은 비결의 원천이 여기에 있지 않나 생각합니다. 좋은 소식 하나. '옥동식' 역삼점(강남구 도곡로 37길 38, 02–567–7931)이 오픈됐습니다. 강남 세브란스 병원에서 가깝습니다. 강남 지역에 거주하시는 분들이 합정동까지 가지 않아도 편리하게 음식 맛을 보실 수 있게 되었습니다.

♣ 음식점 정보
- **가격**: 돼지곰탕 8,000원
- **위치**: 서울 마포구 양화로 7길 44–10 3차 신도빌라 1층, 010–5571–9915
- **영업시간**: 11:00~20:00 (브레이크 타임14:00~17:00, 저녁은 음식재료가 동나면 조기종료, 일요일 휴무)
- **규모 및 주차**: 약 10명, 주차장 없음

■ 함께하면 좋을 사람: ①가족 ★, ②친구 ★, ③동료 ★, ④비즈니스 ☆

♣ 평점

맛	★ ★ ★ ★ ★
가격	★ ★ ★ ★ ★
청결	★ ★ ★ ★ ★
서비스	★ ★ ★ ★ ☆
분위기	★ ★ ★ ★ ★

❶ '옥동식'의 "돼지곰탕"
❷ '옥동식'의 옥동식 대표 셰프
❸ '옥동식' 전경

'우미양가'

소고기와 양고기 요리를 전문으로 하는 집. 그래서 가게 이름도 '우미양가(牛味羊家)'. 경기도 일산 정발산 인근 주택가에 자리 잡고 있고, 음식점을 오픈한 지 오래되지 않았지만, 맛있고 정갈한 건강식을 만날 수 있는 곳으로 입소문이 나기 시작한 집. 소박한 이 집의 임청재(31) 오너 셰프를 만나 그가 만드는 요리와 포부를 들어보았습니다.

맛있다는 평가를 받는 요리가 그렇듯이 '우미양가'의 고기도 맛의 원천은 질 좋은 재료에서 시작되더군요. 이 집의 대표 요리 중하나인 양갈비는 호주에서 항공편으로 직수입한 냉장 '프렌치 랙(Frenched Rack)'을 사용합니다. 프렌치 랙은 양고기 중 적은 지방을 함유하고 있고 부드럽고 촉촉한 육즙을 품고 있어 최상급의 맛을 낸다고 평가받는 프리미엄 갈비. 많은 양고기 전문점들이 부드럽고 맛있는 양고기 맛을 위해 어린 양(lamb)의 고기를 사용한다고 합니다만 어린 양도 양 나름. 대개의 양고기 전문 음식점들이 채산성을 고려해 살이 조금 더 붙은 6개월 이상 된 램의 고기를 사용하나 '우미양가'에서는 6개월 미만의 더 어린 양의 고기를 사용하는 것이 특징. 그래서인지 이 집 양고기에서는 비린내가 없을 뿐만 아니라 한층 부드럽고 적절한 육즙이 입맛을 자극합니다. '우미

'양가'에서 맛보는 소고기 역시 프렌치 랙에 버금가는 좋은 재료를 사용합니다. 한우1++ 등급을 사용하고 있으니까요. 다만, 소고기는 양고기와 달라 20일 정도 숙성시켜 고기 맛이 한창 좋은 타이밍에 손님 테이블에 나갑니다.

좋은 고기 맛을 내기 위해서는 재료 못지않게 어느 온도에서 어떻게 구워 내느냐도 중요합니다. '우미양가'에서는 임 셰프와 또 다른 직원이 손님 테이블을 돌면서 고기를 구워주는데, 수시로 불판 온도를 측정하는 것이 눈에 띕니다. 많은 고깃집이 높은 온도에서 고기를 구워 맛을 내는데 비해 이 집에서는 상대적으로 낮은 약 200도에서 고기를 굽습니다. 이유는 단 하나. 고객의 건강을 생각해서지요. "숯불을 사용해 고온으로 고기를 구우면 고기가 타기 시작합니다. 고기 맛도 중요하지만 보다 중요한 것은 건강이라고 생각합니다. 건강한 맛을 위해 저희는 섭씨 200도에서 고기를 굽습니다."

묵직한 주물판을 사용해 고기를 굽는 방식을 택한 것도 임 셰프. 이 집의 주물판은 약 4%의 탄소를 함유한 관계로 단단하고 강철의 원료로 쓰이는 국내산 선철을 재료로 경기도 안성에서 만든 것. 주물판은 달구는 데 시간이 걸리지만 일단 달구어지면 긴 시간 온기를 유지해주는 장점이 있어 알맞게 구워진 양고기와 소고기를 식사하는 내내 맛있게 먹기 안성맞춤이기 때문입니다.

'우미양가'에서는 맛있는 고기뿐만 아니라 인상적인 '별미'를 즐길 수 있습니다. 그 중 감탄을 자아내는 음식은 '한우 된장죽'. 어느 음식점에 가도 맛보기 어려운 추억의 맛이 고스란히 담겨있습니다. '한우 된장죽'은 우리가 생각하는 보통의 죽과 다릅니다. 절인 무와 된장, 여기에 식감이 그대로 살아있는 쌀알이 조화를 이루면서 좋은 맛을 냅니다. "할머니께 배웠습니다. 절인 무를 오래 끓이고 짠기를 뺀 다음 2~3일 후에 만듭니다. 여기에 시판 된장과 전통된장을 알맞은 비율로 해서 된장찌개를 끓입니다. 이어서 쌀밥에 된장 국물을 부었다 따랐다하는 토렴을 해서 된장죽을 만듭니다." 이 집의 한우 된장죽은 가격이 5천 원으로 책정 되어있지만, 사실상 서비스 개념으로 손님들에게 드리는 것이나 마찬가지입니다. 1인분만 주문해도 네 명의 가족이 가면 넉넉히 먹을 수 있게 준비해주는 임 셰프니까요. 고객을 배려하는 임 셰프의 마음 씀씀이가 읽혀집니다.

'우미양가'는 요리 뿐만 아니라 깔끔한 실내 디자인과 음악, 예쁜 식기, 실내 구석구석의 청결함이 인상적입니다. 대학에서 작곡을 전공하다 어릴 때부터 좋아했던 요리로 진로를 바꾸었다는 임 셰프를 보면 맛있는 요리를 만드는 것은 후천적인 노력도 있겠지만 감각을 타고나는 것이 아닌가도 싶습니다. 여느 셰프처럼 큰 식당에 들어가 요리를 배운 것도 아닌 그가 이처럼 맛있고 근사한 요리를 만들어내고 있으니까요. 이 집에서 맛있는 요리를 담아내는 식기들도 하나 같이 범상치 않았는데 이유가 있더군요. 물어보니 임 셰프가 디자인을 하고 도예를 하는 부친이 직접 만든 작품들이라고 하네요.

임청재 셰프가 지향하는 요리의 핵심은 '건강식'. 그러다보니 식재료 구입에서부터 요리, 고객 서비스까지 본인이 직접 발로 뛰며 자신만의 요리 세계를 열어가고 있습니다. 입술이 부르틀 정도로 분주한 일상을 보내는 그에게 가장 큰 힘이 되어 주는 것은 식사를 마치고난 고객이 문을 나서면서 해주는 한 마디랍니다. "잘 먹었습니다. 아주 맛있었습니다!"

♣ **음식점 정보**
■ **가격**
  - 단품: 29,000~39,000원
■ **위치**: 경기도 고양시 일산동구 무궁화로 141번길 57, 031-912-9357
■ **영업시간**: 16:00~24:00(월요일 휴무)
■ **규모 및 주차**: 24석 식당 주변 주차

■ **함께하면 좋을 사람**: ①가족 ★, ②친구 ★, ③동료 ★, ④비즈니스 ★

♣ **평점**
맛　　★ ★ ★ ★ ★
가격　★ ★ ★ ★ ☆
청결　★ ★ ★ ★ ★
서비스 ★ ★ ★ ★ ☆
분위기 ★ ★ ★ ★ ★

❶ 프렌치 랙과 숙성안심, 구워먹는 임실치즈
❷ '우미양가'의 임청재 오너 셰프
❸ '우미양가' 전경

'장사랑'

한국인이라면 스파게티나 피자를 좋아해도 매일 먹지는 않습니다. 중국음식이나 스테이크를 좋아하는 사람도 마찬가지고요. 한식은 다릅니다. 쌀밥에 김치나 찌개를 매일 먹는다고 물려하지는 않습니다. 우리 몸속의 유전자에 그렇게 각인되어 있나 봅니다. 우리에게 가장 친숙한 음식, 누구나 매일 한 끼 이상은 먹는 요리, 그러다보니 맛있고 여러 사람이 공감할 수 있는 제대로 된 '한식집'을 고른다는 일이 여간 어렵지 않습니다.

그 어느 때보다 까다롭게 고르고 고른 한식집을 소개합니다. '장(醬)사랑'입니다. 한식의 기본이 된장, 간장, 고추장 등 '장'이라는 점에서 음식점 이름도 '장사랑'으로 붙인 집입니다. 이 집의 오랜 단골인 저희들에게 늘 인상적이었던 것은 손님 층이 남녀노소를 가리지 않는다는 점이었습니다. 젊은 세대로 갈수록 한식보다 특색있는 외국 음식을 선호하는 경향을 보이는데 이 집만은 다릅니다. 퓨전 한식이 아닌 제대로 된 한식인데도 그렇습니다. 주말에는 젊은 층들이 부모님을 모시고 오는 경우도 자주 눈에 뜨일 정도니까요.

'장사랑' 압구정 본점의 홍원자(65) 대표를 만나 비결을 들어보았습니다. "저희 집 음식은 '집밥'입니다. 우리가 집에서 먹는 음식

을 손님에게 드리는 마음으로 음식을 만듭니다. 요즘은 '혼밥' 손님
도 늘다보니 '장사랑'에서 특히 신경을 쓰는 것은 반찬입니다. 김
치, 계란말이 등 기본 찬 외에는 매일 반찬을 바꾸어서 손님을 모
시려고 고민하고 노력합니다. 번거로워도 기쁜 마음으로 매일 장
을 보러 다니고요." 홍 대표의 설명입니다.

이 글을 위한 사진 촬영을 위해 '장사랑'에 들렀을 때 예기치 않
게 오너인 도예가 장영옥(77) 회장을 만났습니다. '장사랑'이 많은
고객들로부터 사랑을 받는 데는 음식의 맛뿐만 아니라 오너의 남
다른 경영 철학과 세심한 배려가 그 바탕에 깔려있다는 것을 새삼
확인할 수 있었습니다.

'장사랑'의 음식 가격은 의외다 싶을 정도로 합리적입니다. '강
남 한복판에서 이런 수준의 음식을 이 가격에!'라는 생각이 절로
들 정도이니까요. 장 회장에게 이유를 물었습니다. "식당이란 배고
픈 분들에게 맛있는 식사를 대접하는 곳입니다. 음식점 하면서 떼
돈 벌 생각은 애초부터 없었고요. 조급해하지 않고 길게 바라보고
음식점을 운영해왔습니다. 직장인들이 저희 집을 자주 찾는데 한
끼 밥값이 1만 원이 넘으면 부담이 되겠다 싶은 생각도 있었구요."
식재료 가격이 오르는데도 수년째 음식 값을 거의 올리지 않고 있
는 데는 장 회장의 이런 속 깊은 뜻이 담겨있었더군요.

'장사랑'은 단품 음식뿐만 아니라 정식도 메뉴 구성이 근사합
니다. 저희들도 긴 시간 대화를 나누는 모임을 가질 때는 주로 정
식을 주문하고요. 그럴 때마다 '장사랑'이 손님을 얼마나 배려하는

지 느낍니다. 단적인 사례가 이 집에서는 손님 '숫자'가 아닌 손님의 '희망'대로 주문을 받습니다. 너무 당연한 일이지만 많은 식당에서 인원수대로 주문을 하지 않으면 '눈치'를 주는 일이 비일비재한데 이 집에서는 그런 일이 없습니다. 손님들이 저희처럼 주문하면 음식량을 줄일 법도 한데 '장사랑'은 늘 변함이 없습니다. 작은 일이지만 손님의 마음을 헤아리는 음식점이란 생각이 듭니다.

한식 하면 흔히 어느 지역 음식인지를 따지는데 '장사랑'은 다양한 지역을 아우릅니다. "각 지역의 음식 중 많은 손님들이 좋아하는 음식, 저희들이 선보이고 싶은 음식을 중심으로 메뉴를 짜고 있습니다. '바싹불고기', '들깨수제비', '묵사발', '곤드레나물밥' 등이 그렇습니다." '장사랑'의 음식이 다양한 층으로부터 호평을 받는 이유에 대한 장 회장의 설명입니다.

'장사랑'은 2003년에 압구정 본점을 연 이래 서초, 이태원, 상암, 시흥, 여주, 고양 등으로 확장하고 있습니다. 모든 지점이 직영점입니다. 적지 않은 연세에도 불구하고 장 회장이 '장사랑'의 지점을 확장하는 것은 수익보다는 손님들의 편의와 소중한 일터에서 10년, 20년간 동고동락한 직원들의 행복과 성장 기회를 주려는 깊은 뜻도 담겨있답니다.

'장사랑'에 가시면 수저받침 종이가 인상적입니다. 거기에 장 회장이 좋아하는 글귀가 새겨있습니다. "桃李不言下自成蹊(도이불언하자성혜): 복숭아, 자두나무는 아무 말하지 않아도 그 밑에 저절로 오솔길이 생긴다. 덕이 있는 사람에게 자연히 사람들이 모여

Gourmet Guide

들게 된다." 인터뷰 말미에 '장사랑'이란 어떤 음식점인지 묻자 장 회장은 자신이 직접 그린 그림을 보여주며 답을 대신합니다. 그림 속에는 시골 오솔길을 두 여인이 함께 걷고 있었습니다.

♣ 음식점 정보
- **가격**
  - 단품: 10,000~20,000원
  - 정식: 29,000원
- **위치**: 서울 강남구 언주로 165길 7-4(압구정 본점), 02-546-9994
  〈장사랑 주요 지점〉
  - 서초점: 서울 서초구 법원로 1길 7, 02-537-7293
  - 이태원점: 서울 용산구 이태원로 164-1, 02-790-4640
  - 상암점: 서울 마포구 상암산로 76 YTN뉴스퀘어 지하 1층, 02-2160-6262
- **영업시간**: 11:00~22:00
- **규모 및 주차**: 100석, 전용 주차장(발렛 서비스)
- **함께하면 좋을 사람**: ①가족 ★, ②친구 ★, ③동료 ★, ④비즈니스 ★

♣ 평점
맛	★ ★ ★ ★ ★
가격	★ ★ ★ ★ ★
청결	★ ★ ★ ★ ★
서비스	★ ★ ★ ★ ☆
분위기	★ ★ ★ ★ ★

❶ '장사랑'의 바싹불고기 정식
❷ '장사랑' 장정옥 회장
❸ '장사랑' 압구정 본점 전경

'조금(鳥金)'

"지난 40년간 해외여행을 다녀온 적이 없습니다. 아이들 결혼
식과 생일날 이외에는 쉬어본 적도 없고요. 가족에게 늘 미안했습
니다. 매일 새벽시장에 나가 식재료를 사갖고 가게 문을 열기 1시
간 전에 출근했습니다. 퇴근은 음식점 문을 닫는 밤 10시고요. 음
식점을 시작한 처음이나 지금이나 늘 조마조마 합니다. 음식은 제
대로 잘 만들었는지, 손님 모시는 일에 혹시 실수하는 것은 없는지
신경을 곤두세우며 평생을 살아왔습니다." 외모는 세상일에 달관
한 듯 여유와 미소가 떠나지 않지만 속은 노심초사(勞心焦思)가 일
상이 되어버린 분. 인사동 초입의 솥밥 명소 '조금(鳥金)'의 최희자
(77) 대표가 전해주는 일상입니다.

장안에서 방구 좀 뀐다는 사람이라면 한 번 이상 가봤을 정도
로 오랜 연륜을 가진 유명한 솥밥집이 '조금'입니다. 우리 정치와
언론이 광화문과 인사동을 중심으로 움직이던 시절부터 정치인이
나 정부 관료들은 물론이고 경제인, 언론인, 의료인, 교수, 문화예
술인에 이르기까지 각계각층의 명사와 수많은 샐러리맨들이 드나
드는 밥집이 '조금'입니다. 정주영 현대그룹 명예회장도 단골이었
고, 배우 고두심 씨는 지금도 단골손님이고요. '조금'에서는 예전이
나 지금이나 대충이 없는 집입니다. 늘 정갈하고 맛있는 음식을 정

중하게 서비스 받는 느낌인데 그것이 조금의 명성을 유지하는 비결이 아닐까 합니다.

이 집의 대표 메뉴는 솥밥. 오감으로 느끼는 음식의 맛을 글로 써 표현하는 것처럼 어려운 일이 없는데 '조금'의 음식 맛이 그렇습니다. 두툼한 나무 뚜껑을 여는 순간 밥 위에 얹혀있는 각가지 아름다운 버섯과 채소, 해산물, 견과류가 눈을 즐겁게 합니다. 동시에 각가지 식재료가 어우러져서 내는 향기와 맛있게 갓지어진 밥에서 나오는 향이 입맛을 다시게 합니다. 작은 사각 식판에 담겨 나오는 서너 가지 반찬과 장류는 정갈하기 그지없고요. '조금'의 솥밥은 여느 집 솥밥과 차원과 격을 달리합니다.

최 대표에게 비결을 물었습니다. 간결하게 '정성'이라고 말씀하십니다. "저희 솥밥에는 28가지 재료가 들어갑니다. 제일 밑에 보리쌀을 깔고 그 위에 멥쌀을 놓습니다. 여기에 죽순, 새우, 3가지 버섯, 굴, 잣, 무순, 참기름 등이 얹어지고요. 식재료는 산지에서 바로 받거나 제가 장에 가서 직접 사오고요. 밥을 짓는 솥도 여러 실험을 해봤는데 뚝배기 형태의 숨 쉬는 무광 토기만한 게 없었습니다. 마포에 있는 공장에 별도 주문해 만들어 쓰고 있습니다. 밥을 알맞게 뜸 들이는데 중요한 솥뚜껑은 3년간 건조시킨 박달나무로 만든 거구요." 윤기가 자르르 흐르면서 꼬들꼬들한 밥맛은 이렇게 해서 만들어지는 것이지요.

'조금'은 우리 입맛에 맞는 한국식 솥밥을 팔지만 실내 분위기는 아늑하고 편안한 일본풍입니다. 테이블 위의 갓등에서 퍼져 나오는 은은한 전등 불빛은 식사에 집중하게 만들어 줍니다. 편리함을 추구하는 요즘 추세에 맞춰 인사동에 있는 유명 한정식집 조차 의자식 테이블로 식탁을 바꾸었지만 '조금'은 방석을 깔고 앉는 낮은 식탁 테이블도 변함없이 운영하고 있습니다. 좁은 테이블 앞에 앉아서 밥을 먹는 것이 다소 불편하지만, 이런 식탁만이 주는 그만의 운치가 있으니까요. 기억 저편에 있는 오래전 밥상이 생각나서인지 같은 밥을 먹는 것인데도 한층 친밀감을 더 느끼게 해 줍니다.

'조금'은 나름의 원칙과 전통을 지켜가고 있습니다. '조금'의 음식 맛에 반한 이들이 프랜차이즈나 분점을 내고 싶어 했지만 오로지 인사동 본점 하나만 운영합니다. 제대로 된 음식만을 팔아야 한다는 최 대표의 '이유 있는' 고집 때문이지요. 수많은 TV 인터뷰 요청도 하나같이 거절한 집입니다. 평생 신중함과 조심성이 몸에 밴 최 대표입니다.

최 대표가 말을 아껴서 그렇지 그의 팔십 평생 자체가 파란만장한 한편의 드라마. 일본인 어머니를 두고 일제 강점기에 태어나 격동의 세월을 살아왔으니까 그의 인생 이야기만 해도 소설책 한 권으로도 모자랄 정도지요. 그런 최희자 대표는 인터뷰 말미에 소박하지만 가슴에 새겨들을 만한 귀한 말씀을 주시네요. "뭔가 일을 하고 싶어 음식 장사를 시작했습니다. 하다 보니 어느 날, '이것이 내 인생이구나'라고 느껴지더군요. 사람은 누구에게나 자신의 밥그릇이 있다고 생각합니다. 그런 마음으로 한 평생을 살아왔습니다. 욕심 부리지 않고 맛있는 밥을 짓는데 제 인생을 바쳐왔습니다. 앞으로도 지금 하는 일에 혼신의 노력을 다하고 싶습니다. 솥밥 짓는 일에 제 청춘을 다 바쳤지만 아무런 후회 없습니다. '조금'을 아끼고 사랑해 주시는 많은 고객님들에게 늘 고맙고 감사한 마음뿐입니다."

♣ **음식점 정보**
■ **가격**
　– 단품: 16,000~29,000원
■ **위치**: 서울 종로구 인사동길 62-4. 02-725-8400
■ **영업시간**: 평일 11:00~22:00 (공휴일 11:00-21:00)
■ **규모 및 주차**: 100석, 인근 공용 주차장 이용

■ **함께하면 좋을 사람**: ①가족 ★, ②친구 ★, ③동료 ★, ④비즈니스 ★

♣ **평점**
맛　　★ ★ ★ ★ ★
가격　★ ★ ★ ★ ☆
청결　★ ★ ★ ★ ★
서비스 ★ ★ ★ ★ ★
분위기 ★ ★ ★ ★ ★

❶ '조금'의 "전복솥밥"
❷ '조금' 최희자 대표
❸ '조금' 전경

'청담영양센터'

맛있는 음식은 먹는 순간 기쁨을 선사해줍니다. 동시에 기분 좋은 경험을 쌓아가는 일이기도 하고요. 경험은 강렬할수록 오랫동안 뇌리에 남아있지요. '전기구이통닭'. 저희에게는 특별한 행복감을 주는 음식으로 각인되어있습니다. 도시락에 달걀부침 하나만 넣어있어도 감사해했던 1970년대에 전기구이통닭은 그야말로 별미 중 별미였지요.

요즘은 패스트푸트점을 비롯해 닭요리를 전문으로 하는 음식점들이 넘쳐 일상의 음식이 되었지만, 그 시절만 해도 특식으로 먹는 음식이 전기구이통닭이었습니다. 집에 특별히 좋은 일이 있거나 가장이 봉급날 식구들 보양을 위해 사오는 요리가 전기구이통닭이었으니까요. 통닭집의 상호가 박힌 종이봉투에서 따끈따끈하게 익은 통닭과 식초에 절인 하얀 치킨 무를 꺼내 식탁에 펼쳐 놓으면 온 식구들이 둘러앉아 고소한 향내에 취하면서 쫄깃하고 바삭한 통닭 맛에 흠뻑 빠져들곤 했지요. 이런 추억과 행복감을 온전히 상기시켜주는 곳이 '청담영양센터'입니다.

청담역 10번 출구 바로 옆에 있는 '청담영양센터'의 메뉴는 크게 세 가지. 삼계탕, 통닭구이, 그리고 죽입니다. 메뉴 구성이 심플하면서 절묘하다는 생각이 들었습니다. 삼계탕은 여름철 대표 보양식. 전기통닭구이는 계절을 가리지 않고 많은 이들이 즐겨먹는 별미. 죽 요리는 겨울을 비롯해 봄, 가을에 제격인 건강식. '청담영양센터'에 계절을 가리지 않고 국내외 많은 손님들로 활기가 넘치는 것은 음식 맛도 맛이지만 계절적 요소까지 고려해 메뉴를 구성한 주인장의 센스에서 비롯된 것이 아닌가 합니다.

'청담영양센터'가 문을 연 지 20년이 다되다보니 오랜 단골손님들이 많습니다. 안타깝게 유명을 달리한 영화배우 고(故) 김주혁 씨도 이 집의 단골손님이었으니까요. 사고 나기 며칠 전에도 음식점에 들러 죽을 사갔답니다. 이 처럼 한번 찾은 손님들이 다시 찾아오게끔 만드는 비결이 무엇일까? '청담영양센터'를 설립한 김금순(59) 대표를 만나 이야기를 들어보았습니다. 이 집의 대표 메뉴인 '삼계탕'은 언제 먹어도 부드럽고 신선한 닭고기의 식감과 담백한 국물 맛이 일품인데 이런 정성으로 만들어지더군요. "엄나무와 황기에서 우러나는 구수한 국물과 4년 근 이상 된 인삼, 마늘, 해바라기씨, 호박씨, 검정깨, 약대추, 토종밤 등 12가지의 견과류가 신선한 닭과 조화를 이뤄 내는 맛이지요. 저희 집에서는 A급 식재료만 쓰려고 노력하고 있습니다. 닭고기는 당일 잡은 신선한 중닭을 가져다 씁니다. 맵쌀은 강원도 철원과 경기도 이천 산을 갓 도정한 것을 사용합니다. 고춧가루도 우리농가에서 직접 재배한 것만 엄선해 쓰고 있고요."

좋은 식재료가 음식 맛을 만들어낸다는 김 대표의 설명이지만 진짜 숨은 비결도 하나 발견했습니다. "주방식구들에게 제가 늘 강조하는 것이 있습니다. 내가 만드는 음식을 내 가족, 내가 가장 사랑하는 사람이 먹는다고 생각하고 만들어 달라." 손님에게 내 놓는 음식에 대한 김 대표의 이런 마음이 음식 맛을 한층 높여주는 것이 아닌가 생각합니다. 이런 일도 있었습니다. 어느 날 오후 불시에 '청담영양센터'를 방문했더니 직원들이 둘러앉아 통마늘을 일일이 손으로 까고 있더군요. 마늘을 많이 소비하는 곳이라 깐 마늘을 사용하면 편리할 텐데 굳이 손이 많이 가는 작업을 하는 이유가 궁금했습니다. "마늘은 손으로 까야 오래 보관할 수 있고 맛도 좋습니다. 대량으로 파는 깐 마늘은 금방 상해서 길게 보관하기도 어렵고요." 음식에 대한 김 대표의 남다른 정성이 엿보입니다.

'청담영양센터'에는 카리스마와 넉넉한 인상의 김 대표를 도와 아들 김대건(34) 이사가 힘을 보태고 있습니다. '부족한 게 많고 아직도 한창 배우는 중'이라며 겸손함과 신중함이 몸에 밴 김 이사는 어머니가 개발한 음식 맛의 기본을 지켜가면서 소비자들의 기호 변화에 부응하려고 노력하고 있답니다. 이렇게 해서 탄생한 신 메뉴가 많은 고객들의 사랑을 받고 있는 담백하고 시원한 '전복삼계탕'.

뉴질랜드 명문 오클랜드 대학에서 통계학을, 고려대 대학원에서 국제통상을 전공해 트렌드 변화에 예리한 감각을 갖고 있는 김 이사가 생각하는 음식관이 궁금했습니다. "음식은 문화라고 생각합니다. 물건은 사고 나면 금방 잊히지만 음식 경험은 오래 기억에 남지요. 일본처럼 우리나라도 고객의 사랑을 받는 100년, 200년 된 음식점들이 많아졌으면 좋겠습니다." 고객들이 식사 마치고 "잘 먹고 갑니다!"라는 말씀을 주실 때 더 없이 행복하다는 그의 말에

서 앞으로도 오랫동안 고객들의 사랑을 받을 '청담영양센터'의 미
래모습이 그려집니다.

♣ 음식점 정보

■ 가격
  – 단품: 17,000~28,000원(죽류
  10,000~16,000원)

■ 위치: 서울 강남구 청담동 75-1
  현대상가, 02-515-9291, 9285

■ 영업시간: 09:15~22:30(연중
  무휴, 구정, 추석 휴무)

■ 규모 및 주차: 180석(단체석, 룸
  완비), 음식점 옆 발렛파킹

■ 함께하면 좋을 사람: ①가족 ★, ②
  친구 ★, ③동료 ★, ④비즈니스 ★

♣ 평점

맛	★ ★ ★ ★ ★
가격	★ ★ ★ ★ ☆
청결	★ ★ ★ ★ ★
서비스	★ ★ ★ ★ ★
분위기	★ ★ ★ ★ ☆

❶ '청담영양센터'의 통닭구이
❷ '청담영양센터'의 김금순 대표, 김대건
  이사
❸ '청담영양센터' 전경

'충무집'

저 멀 디 먼 곳에 붉은 점. 태양이 바다를 차고 솟아오른다. 이글거리는 태양을 본 적이 있나요. 지구를 돌고 있는 태양계. 태양을 돌고 있는 지구계. 태양은 중천에 여름을 불태우고 있다. 지구가 도는지 태양이 도는지 둘은 끝없이 돌고 있다. 그 동그라미 가운데 늘 나는 중심에 서 있다. (「수평선」, 배진호)

식도락가들에게 입소문이 자자한 을지로에 있는 통영 향토음식 전문점 '충무집'의 배진호(64) 대표가 직접 지은 시입니다. 배대표는 지금은 많은 고객들로 부터 사랑을 받는 '충무집'의 대표이지만, 한때 삶의 벼랑 끝에서 좌절하며 추락에 추락을 거듭했던 아픈 경험을 갖고 있습니다. 절절함이 시를 낳는다는 말이 있듯이 과거 힘들었던 시절의 경험은 그에게 시심을 불러일으킬 뿐만 아니라 그의 가치관을 바꾸어 놓았습니다. 삶에 대한 겸손함, 세상을 바라보는 따뜻한 시선이 자연스럽게 그의 말과 행동 속에서 배어납니다. 이런 주인장이 성심을 다해 음식을 준비하고 손님을 모시는 곳이 '충무집'입니다.

'충무집'은 횟집입니다. 제철 생선 음식점입니다. 경남 통영산 생선을 중심으로 철따라 별미를 맛볼 수 있는 곳입니다. 가을에는 감성돔과 전어, 겨울에는 물메기, 봄에는 도다리, 여름에는 통영산

이 마땅한 것 없어 민어를 중심으로 손님상에 생선을 올립니다. 생선을 좋아하는 손님들이 '충무집'을 애호하는 이유는 뭐니 뭐니 해도 신선함에 있습니다. 이 집에서는 매일 통영에서 올라오는 신선한 생선을 횟감으로 쓰기 때문입니다. 좋은 생선재료를 알맞게 숙성시킨 다음 회와 무침, 구이로 손님상에 내놓습니다. 하나같이 감탄을 자아내게 해주는 맛들입니다. 여기에 밑반찬으로 나오는 정갈한 해초류가 입맛을 다시게 만들고요.

회 등 생선 요리가 '충무집'의 메인이지만, 물메기국이나 파래국과 함께 먹는 '멍게밥'은 이 집의 별미입니다. '멍게밥'은 바다 냄새를 가득 품은 쌉싸래한 멍게향이 입안에 가득 퍼지는데 그 맛이 일품입니다. 비결을 물었습니다. 배 대표는 질 좋은 재료를 첫 번째로 꼽더군요. "멍게는 봄에 나오는 것이 향과 맛이 제일 좋습니다. 저희 가게에서는 봄에 나는 멍게를 대량으로 구입해 손질한 다음 바로 냉동시켜 필요할 때마다 꺼내 쓰고 있습니다. 봄철이 아니어도 맛있는 멍게를 사시사철 드실 수 있는 비결이라면 비결이지요."

배 대표가 생선에 대해 일가견을 갖게 된 것은 집안 내력과 무관해 보이지 않습니다. 배 대표의 부친은 1960년대 통영에서 유명한 일식집이었던 '희락장'을 운영하셨습니다. 통영 출신이라면 모르는 이가 없을 정도로 알려진 집입니다. 덕분에 배 대표는 10대 어린 시절부터 일식 요리사들로부터 생선과 칼을 다루는 법을 배울 수 있었답니다. 모친은 1년에 12번 제사를 모시는 집안의 며느리이셨으니 음식 솜씨는 따로 말할 필요가 없었구요.

음식과 남다른 인연을 갖고 살아온 배 대표이지만 오늘의 '충무집'이 순풍에 돛 단 듯이 그냥 태어난 것은 아니더군요. 1983년에 부친이 돌아가시면서 통영에 있던 식당을 물려받은 배 대표는 '의무'로써 생선 다루는 일을 하게 되자 그만 흥미를 잃고 말았습니다. 식당을 접은 그는 부산으로 건너가 설비업을 했지만 세상 물정 모르는 유복한 집안의 장남이 나락으로 떨어지는 데는 오랜 시간이 걸리지 않았습니다. 절망의 벼랑이 배 대표를 기다리고 있었습니다.

세상 인연이라는 것이 참 묘해서 끝 모를 추락을 거듭하던 배 대표를 구원해 준 것은 어릴 적부터 친숙했고 집안의 가업이었던 '생선'이었습니다. '나락에 떨어져본 자만이 최선을 다 한다'는 절절한 교훈을 배 대표가 얻은 것도 이 시절입니다. '음식은 손재주가 아닌 마음으로 만들어야 한다'는 것도 배 대표가 이 당시 체득한 음식 철학이기도 하고요. '충무집'의 모든 생선과 음식 하나하나에는 이런 배 대표의 인생과 땀과 눈물, 정성이 담겨있습니다.

인생의 벼랑 끝까지 가본 배 대표여서인지 그는 '신뢰'를 무엇보다 소중히 생각합니다. 자신이 어렵고 고단할 때 믿고 찾아준 많은 단골 고객들에게 감사하는 마음을 늘 가슴에 새기고 있습니다. 생선 집으로서 자자한 '명성'에 비해 을지로 오피스 빌딩 사이 허름한 곳에 위치한 '충무집'을 그가 한결같이 지키고 있는 이유이기도 하고요. 그 덕분인지 음식 맛을 알고 사랑하는 우리 사회의 각계각층 명사들도 종종 찾는 집이 되었습니다. '충무집'에는 맛있는 생선만 있는 것이 아닙니다. 인간미 넘치는 주인장과 단골손님들이 함께 만들어가는 훈훈함이 넘치는 사랑방 같은 곳입니다.

♣ **음식점 정보**
■ **가격**
　– 단품: 14,000~30,000원대
■ **위치**: 서울 중구 을지로3길 30-14 (지하철 2호선 을지로입구역 2번 출구 수협 뒤), 010-2019-4088
■ **영업시간**: 11:00~22:00(일요일, 공휴일 휴무)
■ **규모 및 주차**: 60석, 인근 유료주차장 이용

■ **함께하면 좋을 사람**: ①가족 ★, ②친구 ★, ③동료 ★, ④비즈니스 ★

♣ **평점**
　맛　　　★ ★ ★ ★ ★
　가격　　★ ★ ★ ★ ☆
　청결　　★ ★ ★ ★ ★
　서비스　★ ★ ★ ★ ☆
　분위기　★ ★ ★ ★ ★

❶ '충무집' 대표 메뉴 중 하나인 "멍게밥"
❷ '충무집' 배진호 대표
❸ '충무집' 전경

'태양정육식당'

문래동 '태양정육식당'은 실속파 미식가를 위한 동네 맛집입니다. 목동에 사시는 모 교수님께서 영등포 문래동에 맛있는 고깃집이 있으니 시간을 한번 꼭 내달라는 말씀을 오래전부터 해 주셨습니다. 문래동과 멀지않은 당산동에서 10년 가까이 산적이 있는 저희들이지만 잘 모르고 있던 집이어서 궁금증 반 호기심 반의 마음으로 시식 길에 나섰습니다. 음식점을 처음 방문했던 날 저녁은 연일 계속되는 폭염에 등줄기는 땀으로 범벅이 되었지만, 식당 안은 빈자리가 없을 정도로 손님들로 가득했습니다. 식당 한 구석에 자리를 잡고 테이블을 둘러보니 대부분 단골손님으로 보였습니다.

메뉴는 심플하더군요. 정육식당이라는 이름답게 음식점 중앙에 자리 잡은 냉장고에서 원하는 소고기를 골라 불판에 구워 먹는 것입니다. 여느 정육식당과 크게 다르지 않았습니다. 그러나 무엇보다 놀라운 것은 소고기의 '맛'이었습니다. 이날 등심을 비롯해 몇가지 종류의 소고기를 주문했는데, 접시에 담겨 나온 소고기의 때깔부터 남달랐습니다. 신선하고 맛있는 최상급 소고기라는 것이 한눈에 들어왔습니다. 두툼한 고기 두께도 인상적이었습니다. 서빙 하는 동포 아주머님이 능숙하게 고기를 뒤집어 가면서 구워줍니다. 표면은 익히되 속살은 육즙을 품은 상태로 구워낸 고기를 먹기 좋게 잘라주는데 그 맛이 감탄을 절로 나게 합니다. 순수한 고기 맛을 보기위해 오로지 소금만 살짝 찍어서 고기 한 점을 입에 넣어봤더니 '살살 녹는 고기 맛이라는 것이 이런 거구나!'라는 탄성이 저도 모르게 나왔습니다.

'태양정육식당'은 고기 자체만으로 뛰어난 맛을 자랑할 만하지만, 이 집에서 맛볼 수 있는 별미 중 하나는 저염 명란. 명란은 보통 밥반찬으로 먹는데 이 집에서는 알맞게 구워진 고기에 신선한 명란을 얹어 파와 함께 먹는 맛이 일품입니다. 속초에서 올라온다는 명란 역시 신선했고요. 명란에 아무 색소도 입히지 않아 붉은색이 아닌 옅은 살색을 띠고 있는 소위 백란이라고 하는 종류인데 주로 일본에 수출되는 고급품이랍니다.

'태양정육식당'은 우리에게 익숙한 동네 음식점 스타일이어서 세련되고 우아한 음식점과는 거리가 있지만 언제나 단골손님으로 북적입니다. 따로 가게 홍보를 하는 것도 없는데 맛있는 고깃집으로 입소문이 나서인지 문래동 인근 지역 주민뿐만 아니라 여의도 증권가의 샐러리맨, 전국 각지의 맛집 애호가들이 먼 길을 마다하지 않고 찾아온답니다. 그 유명한 '방탄소년단' 등 젊은 아이돌 그룹도 찾아와서 한우 소고기 맛을 보고 갔고요.

이 집의 주인장 박광순(47) 대표를 만났습니다. 건장한 체격과 예리한 눈매부터 범상치 않습니다. 아니나 다를까 유도선수 출신이더군요. 그에게 '태양정육식당'이 많은 애호가들의 사랑을 받는 비결부터 물어 보았습니다. "무엇보다 최상등급 한우를 꼽고 싶습니다. 저희 집은 수도권에서 가장 큰 안양도축장에서 생산한 ++ 한우만을 받아다 씁니다. 두 번째로 꼽을 수 있는 것은 고기의 두께입니다. 저희 집에서는 스테이크용처럼 두툼하게 고기를 썰어냅니다. 고기가 두꺼워야 겉은 바삭하게 익히고 속은 육즙이 살아있게 구워 낼 수 있지요. 고기를 얇게 썰면 자칫 탄 고기를 드시기 쉽습니다. 셋째로 알맞은 숙성도 한 몫하고 있습니다. 저희 집은 보통 2~3일간 숙성시킨 한우를 사용합니다. 숙성 과정이 고기를 부드럽게 하지만 지나치게 길면 피가 빠져나가 식감이 떨어지기 때문이지요."

'태양정육식당'에 가시면 묘한 풍경에 놀라실 겁니다. 음식점 입구에서부터 실내에 이르기까지 와인이 넘친다는 사실입니다. 대부분의 테이블에 와인 한두 병이 놓여있습니다. 박 대표가 와인 마니아이자 한우와 와인이 잘 어울려서 시도한 것이랍니다. 그렇다고 박 대표가 술로 이문을 남기려고 손님상에 와인을 권하는 것은 아닙니다. 판매하는 와인 가격도 합리적이지만 손님들이 직접 와인을 들고 오더라도 코키지 피(corkage fee)를 받지 않고 와인용 세팅을 해주는 곳이 이 집입니다. '태양정육식당'은 거품 없는 가격대로 맛있는 한우를 즐기실 수 있다는 것도 기억해 두실만 합니다. 아시다시피 한우는 등급이 낮은 것과 고급 ++ 간에는 3배 정도 가격차가 있습니다. 이 집에서는 최상등급 ++ 소고기만 사용함에도 불구하고 의외의 가격에 놀랍니다. 강남에 비해서는 약 절반, 여의도에 비해서는 약 30% 저렴하니까요.

영등포에서 태어나 초, 중, 고교를 이곳에서 다니고 지금은 음식점을 하는 터줏대감인 박 대표는 음식점 일만 매달려도 몸이 모자랄 텐데 지역 청소년 선도 등 다양한 봉사활동에도 늘 솔선수범입니다. 동네 사랑이 남다른 그에게 이렇게 질 좋은 한우를 이 가격 받고 팔아서 이문이나 남겠느냐고 물으니 멋쩍게 웃으면서 한마디 합니다. "그래도 손해는 보지 않습니다. 어려서부터 베풀고 살아야 한다고 배웠기도 하고요." 그의 진솔함과 인간미가 남달라 보입니다.

♣ 음식점 정보
- **가격**
  - 한우 부위, 중량별 별도 표시
- **위치**: 서울 영등포구 문래동 3가 77-64, 02-2068-9112
- **영업시간**: 10:00~22:00
- **규모 및 주차**: 36석(1층), 72석(2층), 주차는 인근 교회 주차장 이용

- **함께하면 좋을 사람**: ①가족 ★, ②친구 ★, ③동료 ★, ④비즈니스 ★

♣ 평점
맛	★ ★ ★ ★ ★
가격	★ ★ ★ ★ ★
청결	★ ★ ★ ★ ☆
서비스	★ ★ ★ ★ ☆
분위기	★ ★ ★ ★ ☆

❶ '태양정육식당'의 ++ 최상등급 한우
❷ '태양정육식당'의 박광순 셰프
❸ 문래동 '태양정육식당' 전경

"제안은 고맙지만 직원들과 상의해 보고 연락드릴게요. 맛집으로 소개되면 기대를 걸고 찾아오는 손님들이 늘어날 텐데 자칫 평소보다 고객 응대가 소홀해지면 실망하실 수도 있잖아요. 직원 모두가 한결같이 잘해낼 수 있다고 의견을 모아주면 그때 인터뷰를 할게요." 내곡동에 있는 한우 숯불구이 전문점 '통나무집'의 라우식(60) 대표와의 통화는 이렇게 시작되었습니다.

이미 여러 차례의 불시 사전 방문과 미식가들의 추천을 받아 '통나무집'을 맛집 애호 독자님들에게 소개할 후보군에 올려놨었는데, 경영을 책임지는 라 대표님의 첫 반응은 여느 음식점과 달랐습니다. 음식 맛은 이미 검증된 집이지만, 경영을 책임지고 있는 분이 갖고 있는 이런 신중함과 책임감 있는 자세가 저희들에게는 더 큰 신뢰를 주었습니다. 연락을 드린 며칠 후 라우식 대표는 음식점 구성원 모두가 동의를 했다며 인터뷰에 응했습니다. 그간 손님으로만 음식점을 조용히 찾다가 '통나무집'이 많은 고객들의 사랑을 받는 비결을 라 대표로부터 직접 들어보았습니다.

세상에 넘치도록 많은 것이 소고기 숯불구이집입니다. 그럼에도 불구하고 '통나무집'이 많은 고객들로부터 남다른 사랑을 받는 이유는 역시 질 좋고 신선한 소고기에서 비롯된 것이더군요. "저희 집에서는 해발 700미터의 청정지역인 강원도 횡성에서 키운 한우 만을 사용합니다. 고기도 현지에서 도축한 것을 하루 안에 가져다 쓰고요. 많은 음식점들이 식감을 부드럽게 하기 위해 고기를 숙성 시켜 사용하는데 저희는 숙성시키지 않은 생고기를 배달받는 즉시 사용합니다."

'통나무집'의 고기가 시각적으로도 유난히 신선해 보이는 이유 가 여기에 있었습니다. 거기에 식감까지도 좋습니다. 숙성시키지 않은 고기는 흔히 질길 것이라고 생각하기 마련인데 이 집 고기에 서는 질기다는 것을 거의 느끼지 못합니다. 예리한 미각을 갖고 계 신 분들도 '통나무집' 고기의 미세한 질김조차 식감으로 느껴진다 고 평하는 것을 보면 맛있는 고기는 신선함이 생명이라는 사실을 새삼 확인하게 됩니다.

'통나무집'의 특별한 맛은 싱싱한 채소와 정갈한 밑반찬에도 담 겨있습니다. 브로콜리 등 채소는 밭에서 방금 따온 것처럼 신선함 이 물씬 풍깁니다. 숯불에 알맞게 구워진 소고기를 채소나 파절임 과 함께 먹으면 입에서 침이 절로 나올 정도로 일품입니다. '통나 무집'에는 언제가도 풍성한 신선 채소를 맛볼 수 있는데 그것도 다 이유가 있었더군요. 아니나 다를까 고향이기도 한 강원도 둔내를 주말마다 찾는 라우식 대표가 직접 키우는 채소를 가져다가 사용 한답니다. 찬류도 모두 직접 만든 것들이고요. 김치만 해도 매년 배추 5천 포기, 고추 3천 근을 사용해 직접 담가서 강원도 둔내에 저장해 두었다가 필요할 때마다 갖다 쓰고 있답니다.

'통나무집'은 사람이 붐비는 시내가 아니라 헌인릉 초입에 있어 지나가다가 간판보고 들리는 음식점은 아닙니다. 근처에 회사들이 있는 것도 아니고요. 맛집을 알고 찾아오는 손님들이 대부분이지요. 매주 소 16마리에서 필요한 부위의 소고기를 얻고 있다하니 고객의 규모가 짐작이 갑니다. 정확한 등급의 양질 한우를 구입해서 정직한 가격을 받고 손님들에게 판매하는 '통나무집' 고기에 대해 많은 고객들이 신뢰를 보내는 결과라고 생각합니다.

'통나무집'의 원조는 강원도 둔내에 있습니다. 라 대표의 친동생이 30여 년 간 경영하고 있는데 역시 맛있는 고깃집으로 명성이 자자한 집이지요. 라 대표가 7년 전 내곡동에 '통나무집'을 내면서 오누이가 다짐했다는 경영철학이 인상적이었습니다. "첫째, 음식 갖고 장난치지 말고 정직하게 경영하자. 둘째, 이익의 10% 이상은 절대로 갖고 가지 말자. 그 이상의 이익이 나면 반드시 고객과 구성원들에게 돌려주자. 셋째, 별도의 광고를 하지 말자."

라 대표는 동생과 다짐한 이런 경영 원칙을 개업 이래 흔들림 없이 지키고 있답니다. 라 대표의 설명을 듣고 그간 가졌던 여러 궁금증이 자연스럽게 풀렸습니다. 20여 명 되는 종업원들이 언제 가더라도 한결같이 부지런하고 친절했으니까요. 음식을 통해 모두가 더불어 잘 살자는 라 대표의 경영철학에 구성원들이 공감하고 적극 호응해서가 아닐까 생각합니다.

'통나무집'의 또 다른 매력은 너른 휴식 공간. 편안하게 식사를 마친 다음에 다양한 화초로 아름답게 꾸며놓고 군데군데 예술품까지 들여 놓은 작은 정원의 파라솔 아래 앉아서 차 한잔을 나누면 행복감과 여유로움이 저절로 배가됩니다. 정갈하고 아름다운 음식점입니다.

♣ **음식점 정보**
- **가격**
  - 단품: 10,000~15,000원(식사류)
  - 정식: 28,000~38,000원
- **위치:** 서울 서초구 내곡동 1-2670번지, 02-445-0662~3
- **영업시간:** 10:00~22:00
- **규모 및 주차:** 200석, 음식점 앞 마당 주차장 넓고 발레파킹 서비스

■ **함께하면 좋을 사람:** ①가족 ★, ②친구 ★, ③동료 ★, ④비즈니스 ★

♣ **평점**

맛	★ ★ ★ ★ ★
가격	★ ★ ★ ★ ☆
청결	★ ★ ★ ★ ★
서비스	★ ★ ★ ★ ★
분위기	★ ★ ★ ★ ★

❶ '통나무집'의 간판 메뉴 중 하나인 "등심구이"
❷ '통나무집' 라우식 대표와 임동석 주방장
❸ '통나무집' 전경

/ 미식 가이드 /

중식

'골드피쉬딤섬퀴진'

맛있는 딤섬(点心)으로 명성을 쌓아가고 있는 '골드피쉬딤섬퀴진'을 소개드립니다. 본점은 압구정로데오에 있습니다. 번화가 뒷골목 2층에 자리 잡고 있어 눈에 잘 뜨이지 않지만 늘 붐빕니다. 이 자체만으로도 뭔가 남다른 게 있다는 것을 강력하게 암시하지요.

이 집을 처음 방문했던 날, 부추향이 가득한 '구채교', 수제 '지짐교자', 무를 반죽과 함께 떡으로 만들어 엑스오(XO)소스로 볶아낸 '무떡볶음', '탕수육', 마늘향이 가득한 '청경채 볶음', '골드피쉬 시그니처 볶음밥' 등을 맛보았습니다. 찌거나 튀기거나 볶은 요리를 가리지 않고 하나같이 입맛을 당기면서 감탄을 절로하게 만들었습니다. 내용물도 알찼고요. 요리에 허세나 거품이 없는 정직함을 엿볼 수 있었습니다. 호사스런 인테리어는 전혀 없고 식탁이나 식기 모두 소박하지만 식사하는 내내 '내가 오늘 참 멋진 식당에 잘 왔네!'라는 느낌을 갖게 만들어주더군요.

'골드피쉬딤섬퀴진'의 박성열(38) 대표를 홍대점에서 만났습니다. 요리의 정체성부터 물어 보았습니다. "광동식을 기본으로 하되 다른 지역 것도 포함하고 있습니다. 느끼하거나 돼지기름을 쓰거나 조미료가 많이 들어간 중국요리는 한국인들이 선호하지 않아 우리 식성에 맞게 새롭게 재탄생시킨 요리들입니다." 다른 딤섬 전문점과의 차별점도 물었습니다. "무엇보다 '식재료'를 꼽고 싶습니다. 주어진 여건 속에서 최선의 재료를 선택하려고 노력하고 있습니다. 품목별로 매년 3~4개 업체를 놓고 경쟁을 하도록 해 질이 좋으면서도 적정한 가격의 재료를 엄선하고 있습니다. 재료의 보관에도 각별히 신경을 쓰고 있습니다. 식재료를 보관할 때 최대 보존 기한이 아니라 평균치 기간을 기준으로 정해 재료 소진 시까지 신선함을 유지하고 있습니다."

정통 요리 전공자가 아닌 박 대표가 총주방장으로 요리를 직접 만들고, 음식점을 창업해 10년도 안 된 기간에 명성이 자자한 딤섬 맛집을 일군 비결이 궁금했습니다. 남다른 열정과 노력이 있었지만 오늘의 그가 있기까지 가장 큰 힘이 되어준 우군은 부모님. 박 대표는 부친이 모 대기업의 상사 주재원이었던 관계로 어려서부터 홍콩을 비롯해 광저우, 상하이, 북경 등 중국 각 지역에 살면서 다양한 중국요리를 경험할 수 있었답니다. 스스로 중국 요리가 고향음식처럼 느껴질 정도라고 하니까요. 중국 요리에 대한 관심은 대학에 진학할 때 요리를 전공하고 싶은 마음으로까지 발전했지만 당시만 해도 부모님의 허락을 받지 못해 광고마케팅으로 전공을 바꾸어 중국에서 공부를 했습니다. 하지만 요리에 대한 그의 관심과 열정은 군대를 다녀온 후에 더욱 커졌습니다. 이때부터 생각만이 아니라 몸으로 부딪히며 중국 요리를 본격적으로 배우기로 마음을 먹은 것이지요.

그는 싱가포르를 비롯해 중국 각지의 식당 주방에 들어가 바닥

일부터 배우기 시작했습니다. 이름이 알려진 식당에서부터 길거리 허름한 식당에 이르기까지 가리지 않았습니다. 그의 열정을 이해한 부모님의 도움을 일부 받아 드디어 많은 요리사들이 꿈인 자신의 가게를 젊은 시절에 오픈하게 되었지요.

하지만 음식업이 열정만으로 되지 않는다는 것을 깨 닫는 데는 긴 시간이 필요 없었습니다. 사업 초기에 그가 직면했던 가장 큰 어려움은 종업원 절반 가까이가 1년 안에 그만두는 것이었습니다. 이 시절 그가 배운 소중한 교훈은 '고객은 음식 값을 지불하는 손님만이 아니다. 함께 일하는 구성원들도 나의 소중한 고객이다'라는 사실이었답니다. 문제의 핵심을 꿰뚫은 그는 생각에 머물지 않고 실천에 옮겼습니다. 동료 직원들의 의사를 존중하고, 음식점 경영전반을 투명하게 공개하는 한편, 직원 복지에 남다른 관심을 갖게 됐답니다. 이 집에 갈 때마다 박 대표가 없더라도 종업원 모두가 내 일처럼 열정을 갖고 헌신적으로 일하는 원천은 오너의 이런 마인드에서 비롯된 것이 아닐까 싶었습니다.

외식업은 요리를 잘 만드는 것 못지않게 경영 감각이 중요합니다. 가게를 오픈할 때 부친이 주신 당부를 그는 늘 가슴에 새기고 있답니다. '일이라는 것이 항상 즐거울 수만은 없다. 내가 좋아하는 일만 하는 것이 아니라 그렇지 않은 일도 즐기며 할 줄 아는 것도 중요한 능력이다.' 멋진 부모의 유전자를 물려받은 박 대표의 장래 포부가 궁금했습니다. "단기적으로는 새로운 매장을 몇 개 더 오픈하고, 파인 다이닝(fine dining)도 운영해 보고 싶습니다. 긴 차원에서는 미국 CIA 같은 전문 요리학교를 만들어 젊은 인재들을 키우고 싶습니다." 박 대표 스스로가 대학에서 하고 싶었던 요리 공부를 하지 못한 아쉬움에서 비롯된 면도 있겠지만 참 근사한 포부라는 생각이 들었습니다.

♣ **음식점 정보**

■ **가격**
　– 단품: 7,500~14,500원

■ **위치 및 영업시간**
　– 골드피쉬딤섬퀴진: 서울 강남구 압구정로 48길 35(신사동 675–5) 2층, 02–511–5266, 월~일 12:00~15:00, 18:00~22:00 (화요일 휴무)
　– 골드피쉬딤섬익스프레스: 서울 마포구 와우산로 29라길 19(서교동 334 –19), 02–335–5266, 화~일 11:30~22:00(월요일 휴무)

■ **규모 및 주차:** 골드피쉬딤섬퀴진 34석(발렛파킹 가능), 골드피쉬딤섬익스프레스 12석(주차장 없음)

■ **함께하면 좋을 사람:** ①가족 ★, ②친구 ★, ③동료 ★, ④비즈니스 ★

♣ **평점**

맛	★ ★ ★ ★ ★
가격	★ ★ ★ ★ ★
청결	★ ★ ★ ★ ★
서비스	★ ★ ★ ★ ★
분위기	★ ★ ★ ★ ☆

❶ 부추향이 가득한 "구채교"
❷ 요리 후에도 늘 공부하는 '골드피쉬딤섬퀴진'의 박성열 총주방장 겸 대표
❸ '골드피쉬딤섬퀴진' 전경

'마마 수제 만두(媽媽水餃)'

"직원들이 제일 무서워요! 저희 집이 어떤 재료를 갖고 어떻게 요리를 만드는지 가장 잘 아는 사람들이니까요." '고객은 왕'이라고 생각하는 음식점 오너는 많이 만났지만 직원을 고객 보다 무섭게 생각하는 대표는 처음 만났습니다. 은평구 신사동에 있는 '마마 수제 만두(媽媽水餃)'의 장수화(44) 대표입니다. "저희 가게는 손님들이 드시고 남은 만두가 있을 때 직원들이 맛있게 먹기도 합니다. 신선한 재료로 깨끗하게 만든 음식을 그냥 버리기 아까와서지요." 이런 요리를 손님상에 올리는 음식점이라면 긴 설명을 드리지 않더라도 신뢰가 가지요?

장 대표의 요리관이 궁금했습니다. "특별히 내세울 것은 없어요. 굳이 말씀드린다면 '기본에 충실하라'는 말을 가슴에 늘 새기고 있습니다. 요리를 할 때 넣지 말아야 할 것은 넣지 않고, 필요한 것은 아끼지 않고 넣고 있습니다. 특별한 비법이란 없습니다. 재료가 신선하고 좋으면 그것만으로도 충분히 좋은 맛을 내니까요. 저는 식재료를 구입할 때 가격을 깎지 않습니다. 대신 비싸도 좋으니 물건만은 제대로 된 좋은 것을 달라고 요구합니다. 저도 이윤을 생각하지 않을 수 없지만 이문만 따지면 제대로 된 음식을 만들 수 없으니까요." 장 대표가 요리를 만드는데 가장 크게 영향을 미친 사람은 평생 요리를 천직으로 알고 일해 온 부모님.

장 대표는 경주에서 60년간 '산동반점'을 운영해온 화교 출신의 장충선(82) 씨와 경북 의성이 고향인 한국인 강태란(69) 씨를 부모님으로 두고 있습니다. 장 대표의 부모님은 요리 일이 워낙 힘들다 보니 딸자식을 대학 교육 시키면서 요리가 아닌 다른 직업을 갖기를 바라셨답니다. 장 대표 스스로도 결혼 전까지는 요리를 하며 먹고 살 거라고는 전혀 생각해 본 적도 없었고요. 그런 그가 요리에 관심을 갖게 만든 결정적인 계기는 병으로 부모님이 쓰러지면서부터. 암으로 고생하신 아버지에 이어 어머니마저 암 진단을 받아 경주에서 서울로 치료차 다니실 때 엄마가 어릴 때 자주 먹었던 '샐러리 만두'를 만들어 주셨답니다. 이런 일들이 계기가 되어 집에서 아이를 키우던 장 대표는 부모님께 만두 가게를 해보겠다고 말씀드렸고, 2011년 은평구 신사동 집 근처에 "마마 수제 만두"란 상호를 걸고 음식점을 오픈했답니다.

장 대표가 누구보다 사랑하고 존경하면서도 어려워하는 이는 어머니 강태란 씨. 경상도 분 특유의 무뚝뚝함에 여장부 스타일의 어머니는 칭찬이라든지 감정 표현을 잘 하지 않는 분이랍니다. "6개월이나 버틸 수 있을까?"라며 음식점 오픈할 때 반신반의하던 어머니는 이제 9년차에 접어드는 장 대표의 요리 맛을 보며 "먹을 만 하네!"라고 말씀하신답니다. 만두의 고수인 어머니께 받은 최고의 칭찬이랍니다. 이 집은 이제 줄을 서서 기다리며 먹는 중국 음식점으로까지 성장했지만 그는 어머니로부터 받은 인정이 무엇보다 기쁘고 감사하답니다. 장 대표가 친정 엄마를 얼마나 끔찍이 생각하는지는 음식점 이름을 '마마수교(媽媽水餃)', 우리말로 표현하면 '엄마표 물만두'로 지은 것에서도 잘 나타나지요.

'마마 수제 만두'의 요리 중 만두류는 어머니 강태란 씨의 손맛이 재현된 것. 이 집만의 유명한 '산동짜장면'은 아버지의 특허품. '산동짜장면'은 우리가 익숙하게 먹는 까만 짜장면 소스가 아니라 갈색의 수제 원형 첨면장을 사용하는 것이 특징. 경주에서 가져온 첨면장으로 만든 소스는 일체 색소를 넣지 않아 멀건 색깔부터 남다릅니다. 직접 콩을 발효 숙성시켜 만드는 소스는 된장을 베이스로 하다 보니 일반적인 검은 춘장 스타일의 맛에 익숙한 손님들에게는 호불호가 갈리지만 이제는 일부러 찾아오는 마니아층이 형성되어 있을 정도랍니다.

장 대표가 내색을 잘 하지 않지만 늘 고마워하는 또 다른 이는 대학(경주 동국대 중어중문학과) 동기생인 남편 김경훈 씨. 여행사 일을 하며 종종 가게에 나와 홀을 살펴주는 등 적극적으로 외조를 해주는 덕분에 아이 키우며 음식점을 운영할 수 있었다며 감사해 합니다. 인터뷰를 마치며 장 대표에게 요즘 행복하냐고 물었습니다. "행복하다는 말보다 그저 감사할 따름이지요. 힘이 많이 들고 가게 하면서 큰돈을 버는 것은 아니지만 그래도 부모님께 가끔 용돈도 챙겨드릴 수 있고 아이들 데리고 가보고 싶은데 갈 수 있는 것만 해도 감사한 일이지요. 주방에서 불을 다루다 보니 늘 위험한데 가게 식구들 별 탈 없이 지내고 있는 것도 감사하구요. 세상 살면서 모든 것 다 가질 수는 없는 거잖아요." 맛있는 음식도 음식이지만 소박하고 진솔하게 인생을 살아가는 장 대표로부터 삶의 지혜를 덤으로 배웁니다.

♣ 음식점 정보

■ 가격
– 단품: 6,000~20,000원대

■ 위치 : 서울 은평구 신사동 336-3 에벤에셀 빌딩 1층, 02-375-1688

■ 영업시간: 11:00~23:00(2, 4주 일요일 휴무)

■ 규모 및 주차: 52석, 식당 앞 2~3 대 주차 가능하나 가급적 지하철 등 대중교통 이용 권장(6호선 새절역 4 번 출구 바로 앞)

■ 함께하면 좋을 사람: ①가족 ★, ② 친구 ★, ③동료 ★, ④비즈니스 ★

♣ 평점

맛	★ ★ ★ ★ ★
가격	★ ★ ★ ★ ★
청결	★ ★ ★ ★ ☆
서비스	★ ★ ★ ★ ☆
분위기	★ ★ ★ ★ ☆

❶ '마마 수제 만두'의 장을 설명하는 장 수화 대표
❷ '마마 수제 만두'의 장수화 대표(좌)와 어머니 강태란 여사(우)
❸ 샐러리 물만두
❹ 산동짜장면
❺ '마마 수제 만두' 전경

'맛이차이나'

호텔 신라 중식당 '팔선' 출신의 요리사가 운영하는 음식점이 마포구 상수동에 있으니 꼭 가보라는 추천을 몇 분으로부터 받았습니다. '팔선'은 아시다시피 맛 좋고 서비스도 훌륭하지만 요리 하나가 몇만 원을 훌쩍 넘기는 것이 많은 고급 중식당이지요. 이런 '팔선' 출신이 독립해서 만든 중국 음식점이라고 하니 맛은 기본 이상을 하겠고 음식점도 꽤 근사하겠다는 생각이 먼저 들었습니다. 발품 팔아 추천 받은 식당 문을 열고 들어서면서 받은 첫 느낌은 평범한 중국 음식점. 다만 대기 번호표를 받고 기다리는 손님들이 제법 있어 '이곳은 분위기 보다 맛으로 승부를 거는 곳이구나!'라는 인상을 받았습니다. 이렇게 해서 찾았던 곳이 '맛이차이나'.

메뉴판을 받아들고 음식 몇 가지를 주문했습니다. 가지 사이에 다진 새우소를 채워 튀긴 후 어향 소스로 볶아낸 '어향가지', 부드럽게 찐 전복과 아스파라거스를 호유 소스로 맛을 낸 '호유소스 아스파라거스 전복', 신선한 채소와 해산물을 닭육수로 끓인 '해물누룽지탕'. 하나같이 신선하고 좋은 식재료를 갖고 담백하며 산뜻한 맛을 품고 있었습니다. 맛으로만 본다면, 마치 신라호텔 '팔선'에서 식사하는 듯한 근사함을 주었습니다. 음식점에 들어설 때 가졌던 평범하다는 첫인상을 한방에 날려 버린 맛이었습니다. 음식 맛을 검증한 후 '맛이차이나'의 오너 셰프인 조승희(32) 대표를 만나 그가 만드는 음식과 인생관에 대해 두루두루 이야기를 나누었습니다.

먼저 홍대 주변 상권에서 외양상 평범해 보이는 스타일의 중국 음식점으로 어떻게 많은 손님들을 모을 수 있었는지 그 비결부터 들어보았습니다. "홍대 앞은 트렌디한 상권입니다. 젊은 친구들은 페이스북이나 인스타그램 등 SNS를 위한 음식을 먹는다고 할 정도입니다. 음식점을 오픈할 때 이러한 정서를 제대로 읽지 못해 고전했습니다. 그러나 좋은 식재료를 갖고 정직하게 맛을 내다보니 가게는 평범하지만 맛있는 음식점으로 점차 입소문이 나기 시작하더군요. 그러더니 젊은 손님들이 가족이나 친구들과 다시 찾는 집이 되었습니다."

'맛이차이나'에는 조 대표가 '팔선'에서 배우고 익힌 노하우가 곳곳에 배어있습니다. 조 대표가 '팔선'에서 요리사로 일한 기간은 4년 남짓. 당초에 20년 정도 근무하고 독립할 꿈을 가졌던 그가 4년 만에 자신의 음식점을 차린 배경이 궁금했습니다. "'팔선'에서 오래 일한 것은 아니지만 맛있는 요리를 어떻게 만들고 주방의 각 파트에서 무슨 일을 어떻게 하는지를 두루두루 배울 수 있었습니다. 그러던 어느 날 신라호텔이 전면적인 보수를 하면서 식당도 몇 개월간 휴관을 하게 되었습니다. 그때 독립을 본격적으로 꿈꾸었습니다. 오랫동안 호텔 요리사로 일하던 선배들이 독립하고 싶어하면서도 호텔 주방이라는 안정된 일터를 버리고 새로운 가게를 연다는 모험을 선뜻하지 못하는 모습을 많이 보아오기도 했고요. 당시 저는 결혼도 안했고, 크게 잃을 게 없는 상태이기도 해서 많이 부족한 상태였지만 새로운 도전의 길을 찾아 나설 수 있었는지도 모르겠습니다."

그가 과감히 도전의 길을 선택하게 된 직접적인 계기는 IMF 경제위기 당시 기울었던 가세를 다시 일으켜 세워야하겠다는 절박함이 컸는지 모르겠습니다. 어릴 때부터 자연스럽게 몸에 익은 음식과의 인연도 한몫을 해 보였고요. 조 대표의 부모님은 대전에서 음식점을 운영하셨던 분이랍니다. IMF 경제위기 당시에는 공주에서 제법 규모가 큰 고깃집을 경영하셨고요. 부모님이 식당일에 매달릴 수밖에 없다보니 조 대표는 어릴 때부터 스스로 음식을 만들어 먹는 일이 익숙했고 음식에 관심을 갖게 되었답니다. IMF 경제위기로 어려웠던 당시 집안 사정과 요리에 대한 관심은 그를 한국관광대학의 조리학과에 진학하게 만들었고, 대학에서 열심히 공부하며 쌓은 신뢰는 그를 일류 호텔 주방을 거쳐 오늘에 이르게 만든 거지요.

그에게 음식 만드는 일은 '직업'에 머물러 있지 않습니다. "저에게 음식은 '즐거움'입니다. 생계를 위해 요리를 만들지만 음식은 우리를 행복하게 해주니까요. 쉬는 날에는 저도 가족과 함께 다른 분야의 음식점을 찾아다니며 맛을 음미하고 또 배우고 있습니다." 좋은 음식점 탐색 차 이런 저런 집을 찾아다니다가 예기치 않게 조 대표 식구들과 같은 식당에서 조우하게 되면 반갑고 스스로에 대한 약속을 잘 지키고 있구나 하는 생각도 듭니다.

지금까지 가게를 운영하면서 여러 일화가 있지만 그가 가슴에 새기는 작은 에피소드가 있답니다. '맛이차이나'를 갓 오픈한 시절, 식사를 마친 손님 테이블을 치우는데 작은 메모 쪽지를 하나 발견했답니다. "볶음밥 정말 잘 먹고 갑니다. 변치 말고 맛있게 만들어주세요!" 가게가 번창한 지금도 그는 초심을 잃지 않고 주방에 있는 다른 식구들과 똑같이 땀 흘려 열심히 일합니다. 한결같은 그의 모습에 박수를 보냅니다.

♣ 음식점 정보

■ 가격
 – 단품: 7,000~30,000원대
 – 세트 메뉴: 27,000~42,000원

■ 위치: 서울 마포구 독막로 68 2층, 02-322-2653

■ 영업시간: 11:30~22:00 (브레이크 타임 16:00~17:00)

■ 규모 및 주차: 56석(단체실 별도), 입주건물 기계식 주차 가능

■ 함께하면 좋을 사람: ①가족 ★, ②친구 ★, ③동료 ★, ④비즈니스 ★

♣ 평점

맛	★ ★ ★ ★ ★
가격	★ ★ ★ ★ ★
청결	★ ★ ★ ★ ★
서비스	★ ★ ★ ★ ☆
분위기	★ ★ ★ ★ ☆

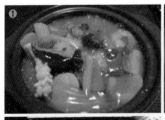

❶ '맛이차이나'의 "해물누룽지탕"
❷ '맛이차이나' 조승희 오너 셰프
❸ '맛이차이나' 전경

'불이아'

'훠궈(火锅)'. 흔히 중국식 샤브샤브로 불리는 음식. 날이 쌀쌀할 때 드시면 든든한 보약 한 첩 챙겨먹은 느낌이 나는 별미. 근래 우리나라에도 훠궈집이 많이 늘어났지만, 국내 훠궈 요리의 효시는 '불이아(弗二我)'라고 말씀드립니다. 이 음식점에 들어서면 가장 먼저 눈길을 잡아당기는 것이 이 상호입니다. 뜻은 "둘도 없는 우리." 이 집에 들를 때마다 참 멋진 작명이라는 생각을 합니다('弗' 자는 국내에서는 잘 쓰지 않지만 강한 부정, '我'는 우리라는 뜻도 갖고 있음).

'불이아'의 기본 메뉴는 '불이아 정식'. 훠궈를 드셔보신 분들은 잘 아시겠지만, 핵심은 육수이고 그 중에서 붉은색이 도는 '홍탕'이 별미. '불이아'의 훠궈는 중국 본토 훠궈 육수의 기본을 지키되 한국인의 입맛까지 고려해 주인장 윤성준(62) 대표가 직접 만들어낸 것입니다. 그 맛은 이 집의 오랜 단골인 중국 언론인들이나 주한 중국대사관 관계자들조차 '중국에서 먹는 훠궈보다 낫다'라고 평가할 정도이고요. 어떻게 근사한 육수를 만들어냈는지 비법을 물어보았습니다. 역시 남다른 정성으로 만들어지더군요. 소뼈와 늙은 닭 뼈를 찬물에 넣고 하루 동안 피를 뺀 다음, 뼈에 붙어있는 고기와 불순물을 깨끗이 제거하는 데서부터 육수 만들기 작업이 시작된답니다. 그래야 국물에서 잡내가 나지 않고 담백한 맛이 나오기 때문이지요. 이렇게 공들여 손질한 뼈를 기본으로 해서 오랫동안 우려내서 만든 것이 하얀색의 '백탕'. 여기에 고추, 파, 마늘, 생강, 향신료, 그리고 매콤 짭조름한 맛을 내는 쓰촨 더우반장 등을 넣고 끓여 내는 것이 붉은색의 '홍탕'.

'불이아' 1호점인 홍대점이 2002년에 문을 열었던 초창기 시절부터 한 달에 한두 번 이상 이 집을 찾은 저희들이 늘 궁금했던 것은 이런 음식을 만들어낸 주인장이 누군가였습니다. 각 점포의 점장이나 지배인 등을 통해 단편적으로 듣기는 했지만 주인장을 직접 만난 적이 없었기 때문이지요. 지병으로 거동이 불편해 가게에는 거의 나오지 못한다는 이야기를 들었지만 그래도 이런 멋진 집을 만들어낸 주인장을 만나 육성을 직접 듣고 싶었습니다. 어렵게 수소문해 그를 만났습니다. 오뚝이 같은 윤 대표의 인생 역정은 음식 이상으로 깊은 울림을 주더군요.

윤 대표는 음식과 전혀 무관한 킥복싱 선수 출신. 당연히 음식 사업에 뛰어든 동기를 묻자 돌직구식 응답이 바로 날아왔습니다. "돈 벌려고요! 30대 중반까지 운동만 했습니다. 시골 출신에 공부를 특별히 잘하지도 못했던 제가 성공할 수 있겠다 싶은 건 운동밖에 없다고 생각했습니다. 권투로 시작해 킥복싱으로 종목을 바꿔 동양 챔피언을 따고 대전에 체육관도 차렸습니다. 하지만 예전이나 지금이나 운동선수들은 배가 고픕니다. 권투는 더하고요. 제가 킥복싱협회 설립을 뒷바라지 하면서 느낀 것이 참 많았습니다. 속된 말로 세상을 움직이는 힘은 권력, 돈, 주먹이라고 생각했었는데, 제일 불쌍한 것이 주먹이더라고요."

그의 인생역정이 계속 됩니다. "김영삼 정부 때 건설업에 뛰어들었습니다. 당시 빈 땅을 방치하면 세금을 중과했는데, 그때 불일 듯이 돈을 벌었습니다. 조그만 하자도 철저히 애프터서비스한게 입소문이 나서 영업을 따로 할 필요가 없을 정도였습니다." 그러나 그것도 잠시, 석재 관련 사업에 뛰어들었다가 애써 벌어놓은돈을 모두 날렸습니다. 한동안 깊은 시름과 낙담에 빠져있다 새로운 전기를 찾아 무작정 떠난 곳이 중국. 중국말을 배우고 새로운사업 아이템을 찾다가 중국음식에 꽂혔답니다. 중국요리 전문학교에 들어가 1년간 제대로 요리를 배웠고 자격증까지 땄답니다. 뭐든지 시작하면 제대로, 확실히 배우는 그의 스타일이 여기서도 나옵니다. 많은 중국요리 중 그가 선택한 것은 당시 한국에 잘 알려지지 않은 '훠궈'. 비법을 잘 가르쳐 주지 않는 중국인 요리사들을찾아다니며 어렵게 재료와 비법을 배웠고 이를 토대로 해서 그만의 육수 맛을 만들어낸 것이지요.

윤 대표가 음식점을 경영하면서 음식 맛 이상으로 중시하는 것은 음식점 입구와 화장실. 입구는 첫 인상을 좌우하고, 화장실은청결을 상징하기 때문이랍니다. "화장실은 베개를 베고 잠을 자도될 만큼 청결히 하라"는 것도 그의 경영방침. 화장실 청결을 이 정도로 신경 쓸 정도면 음식의 청결도는 물어볼 필요가 없겠지요.

외양으로는 유명 음식점의 대표라고 전혀 생각할 수 없을 정도로 소박하고 자신을 드러내지 않는 윤 대표가 인터뷰 말미에 이런 말을 던져주더군요. "미련 없이, 후회 없는 삶을 살고 싶습니다."
이런 비장함으로 매일 매일 최선을 다하는 그와 이야기를 나누는
사이 문득 '둘도 없는 우리'라는 동질감을 느꼈습니다.

♣ 음식점 정보

■ 메뉴
　– 정식: 21,000~35,000원

■ 위치
　– 홍대점: 서울시 마포구 동교로 182-6, 02-335-6689
　– 강남점: 서울시 강남구 언주로 711 건설회관 지하1층, 02-517-6689
　– 대학로점: 서울시 종로구 동숭길 98, 02-763-6689
　– 역삼점: 서울시 강남구 논현로 514, 02-556-6689

■ 영업시간: 11:00~23:00(연중 무휴)

■ 규모 및 주차
　– 홍대점: 140석, 주차 2대(인근 주차장 개별 이용)
　– 강남점: 120석, 주차 100대(건설회관 주차장 이용)
　– 대학로점: 120석, 주차 2대(인근 주차장 개별 이용)
　– 역삼점: 120석, 주차 8대(발렛 서비스 가능)

■ 함께하면 좋을 사람: ①가족 ★, ②친구 ★, ③동료 ★, ④비즈니스 ★

♣ 평점

맛	★ ★ ★ ★ ★
가격	★ ★ ★ ★ ★
청결	★ ★ ★ ★ ★
서비스	★ ★ ★ ★ ☆
분위기	★ ★ ★ ★ ★

❶ '불이아'의 "불이아정식"
❷ '불이아' 홍대점 전경

우리가 일상으로 먹는 밥을 한자로는 '식(食)'이라고 씁니다. '食'이라는 글자를 파자해보면 사람 '人'에 좋을 '良'입니다. 두 자가 지닌 뜻이 흥미롭습니다. 음식점 이름을 '인량(人良)'으로 지은 집이 있습니다. 처음에는 무슨 뜻인지 궁금했는데 두 자를 합하면 食이 된다는 것을 알고 나서는 지은 이의 재치에 감탄했습니다. 주인장을 만나고 싶었습니다. 음식을 만드는 안주인은 중국인 류스치(刘斯琪, 31), 마케팅을 담당하는 남편은 한국인 김준엽(29) 대표였습니다.

'인량'은 훠궈(火锅) 전문점입니다. 저희들이 단골로 다니는 훠궈집이 있는데 '인량'에 대해 관심을 갖게 된 동기는 단순합니다. 가물치 훠궈를 내세운 것이 인상적이었습니다. 대한민국에서 유일한 가물치 훠궈 전문점이니까요. 가물치 하면 임산부에게 좋은 건강 강장식으로 알고 있었는데 이를 베이스로 하는 훠궈 맛이 어떨지 궁금했습니다. 불시에 조용히 찾아가 맛본 '인량'의 가물치 훠궈는 훌륭했습니다. 담백했습니다. 비릿함도 전혀 없었고요. 백탕과 홍탕 모두 뛰어난 맛을 갖고 있었습니다. 한 번 맛을 보면 다시 찾아오게끔 만드는 흡인력이 느껴졌습니다.

중국에서 훠궈는 우리로 치면 전골 요리. 각 지방마다 특색 있는 다양한 훠궈 요리가 있는 이유이기도 합니다. 우리도 지역에 따라 전골을 만드는 식재료와 조리법이 다른 것과 마찬가지로요. '인량'의 시그니처 메뉴인 가물치 훠궈는 중국 남서부에 있는 윈난성(云南省)이 원조. 보이차 등 유명 차의 산지로 널리 알려진 윈난성은 지형이 복잡해 남부의 저지대는 아열대성 기후인 반면에 북부의 고산 지대는 아한대성 기후도 있을 정도로 다양한 기후대를 갖고 있습니다. 이 때문에 동식물이 다양하다보니 가물치 훠궈가 이 지방의 특색 있는 요리가 되었는지 모르겠습니다. 중국 북방의 홍콩으로 불리는 다롄(大连)이 고향인 류스치 씨와 한국인인 김 대표가 남방인 윈난성 훠궈에 꽂힌 결정적인 이유는 가물치의 매력에 빠졌기 때문이랍니다.

가물치 훠궈의 원산은 윈난성이라지만 '인량'만의 차별화된 훠궈 맛을 탄생시킨 이는 류스치 씨입니다. 유명 훠궈집을 찾아 다녀보고 전문가로부터 많이 배우기도 했지만 그녀가 오늘의 훠궈 맛을 만들어 내기까지 적지않은 시행착오를 거쳤다는군요. 훠궈의 핵심인 탕은 10여 시간 정성스럽게 고은 사골과 가물치 육수입니다. 여기에 홍탕의 경우 대파, 생강, 후추, 고추, 백색과 붉은색 화자오를 비롯해 13가지 한약재를 넣어 만듭니다. 가장 신선하고 맛있는 탕을 만들어내기 위해 류스치 씨는 온종일 주방에 붙어 살고 있답니다.

맛있는 훠궈 요리에서 빼놓을 수 없는 것은 소스. 다양한 종류의 소스들이 식당 가운데 정갈하게 놓여있어 고객의 취향에 맞춰

소스를 골라 드실 수 있습니다. 초보자를 위한 배려도 세심해 많은 이들이 즐겨 찾는 소스는 맛있게 배합하는 방법을 한쪽에 적어놓고 있더군요. 예를 들자면, 담백한 마장소스는 깨소스+파+마늘+참기름+설탕+갈은 땅콩 식으로요.

'인량'에서는 다양한 종류의 메뉴를 선택해 드실 수 있는 시스템으로 운영합니다. 테이블마다 비치된 아이패드로 선택한 메뉴를 입력하면 주방으로 바로 전달돼 음식이 세팅되는 시스템입니다. 훠궈 요리의 기본이자 가장 중요한 것은 탕. '인량'에서는 가물치탕(백탕), 매운 홍탕, 화끈하게 매운 홍탕, 토마토탕 등이 있고, 이중에서 선호하는 것을 골라 드시면 됩니다. 선택 메뉴로는 종잇장처럼 얇게 저며나오는 가물치, 한우, 양고기, 우삼겹, 버섯류, 오징어와 새우완자 등 다양합니다. 역시 취향에 따라 선택하시면 됩니다.

김준엽, 류스치 부부는 영국 런던 유학시절에 만났답니다. 한 사람은 경제경영, 다른 한 사람은 회계학 전공. 이들이 훠궈 요리를 직업으로까지 삼게 된 결정적인 이유 중 하나는 서울에 제대로 된 정통 중국음식점을 찾기 어려운 아쉬움 때문이었답니다. 유학시절에 이들이 자주 찾던 영국 현지의 중국음식점들은 당연히 평균에 미치지 못하는 맛이었답니다. 그런데 이들이 더욱 놀란 사실은 서울에 와서 맛 본 중국 음식들이 영국에서 경험했던 중국 요리보다 못한 게 많았다는 것이랍니다. 한국을 찾는 많은 중국 여행객들이 '서울에 먹을 음식이 없다'는 여행담을 한다는 것과 비슷한 맥락입니다. 이런 문제의식을 갖고 있어서인지, '인량'에 가면 수저를 담은 천에 이런 글귀가 아로 새겨 있습니다. '이인위본 양심음식 (以人爲本 良心飮食)'. '사람이 근본, 양심으로 음식을 만든다'는 뜻 이지요. 고객과의 약속이자 스스로의 다짐이기도 한 이 글귀를 늘 새기면서 맛있는 요리를 만들어내는 김준엽, 류스치 부부를 저희 도 응원합니다.

♣ 음식점 정보
- **가격**
  - 훠궈: 35,000~40,000원대(1 인당)
- **위치**: 서울 강남구 강남대로 140길 9 비피유빌딩 지하 1층, 02-516-8777
- **영업시간**: 화~금 17:00~23:00, 토~일 11:30~23:00(월요일 휴무)
- **규모 및 주차**: 98석, 발렛파킹 가능 3호선 신사역 3번 출구, 7호선 논

현역 7번 출구에서 도보 5분 거리
- **함께하면 좋을 사람**: ①가족 ★, ② 친구 ★, ③동료 ★, ④비즈니스 ★

♣ 평점
맛	★ ★ ★ ★ ★
가격	★ ★ ★ ★ ☆
청결	★ ★ ★ ★ ★
서비스	★ ★ ★ ★ ★
분위기	★ ★ ★ ★ ★

❶ '인량'의 "훠궈"
❷ '인량'의 김준엽, 류스치 부부
❸ '인량' 전경

'파불라'

"회사일로 중국 출장을 자주 다니면서 사천요리의 매력에 푹 빠졌습니다. 서울에 돌아와 유명하다는 사천 음식점을 두루 다녀 봤습니다만 만족할만한 집을 찾지 못했습니다. 제대로 된 사천요리를 우리나라에 선보이고 싶었습니다. 오랜 리서치를 했습니다. 사천요리에 정통한 중국인 요리사를 모시기 위해 80여 분이나 면접을 했습니다." 컴퓨터 하드디스크 수입 회사를 경영하는 김학영(60) 대표가 사천요리 전문점 '파불라(Pabulla)'를 열게 된 동기와 그간의 과정입니다. 강남에 괜찮은 음식점이 많다고 하지만 맛과 가격, 서비스, 분위기, 청결, 모든 면에서 수준급을 유지하는 곳은 흔하지 않습니다. 그런 면에서 파불라는 가족이나 친지, 비즈니스 미팅을 위한 장소로 주저하지 않고 추천하고 싶은 집입니다.

사천요리는 맵고 향신료를 많이 사용하는 것이 특징입니다. 이 음식점의 상호이기도 한 '파불라(怕不辣)'라는 말도 '맵지 않을까 두렵다'라는 뜻을 가진 중국말이고요. 중국에서 매운 요리에 대한 자부심을 갖고 있는 대표적인 지역이 광시(廣西), 후난(湖南), 쓰촨(四川)성입니다. 각자 자신들의 요리가 맵다는 것을 강조하는데, 쓰촨(사천)성 사람들은 그 어느 지역보다 제대로 된 매콤한 요리를 내놓는다는 뜻으로 '파불라'라는 말을 자주 사용한답니다. 이 집의 요리가 사천요리라고해서 맵기만 한 것은 아닙니다. "제대로 된 매운 맛, 매운 맛 그 이상!"이라는 '파불라'의 슬로건이 함축적으로 이야기를 해줍니다. 단순히 맵고 얼얼한 맛이 아닙니다. 화자오를 사용해 매콤하면서도 우리 입맛을 돋궈주는 매운 맛이 이 집 요리의 특징입니다.

'파불라'에서 맛보는 음식은 맛있고 아름답습니다. 정통 사천요리의 특징이라고 할 수 있는 일곱 가지 맛(신맛, 단맛, 매콤한 맛, 얼얼한 맛, 짭짤한 맛, 쓴맛, 고소한 맛)을 고스란히 담고 있습니다. 게다가 요리 하나하나가 멋지기까지 합니다. 예컨대 이 집의 동파육은 맛도 좋지만 너무 아름다워 음식이 나오면 바로 수저를 대지 못하고 한참 감상하고 나서 먹을 정도니까요. 맛만 좋은 것이 아닙니다. 고객의 건강까지 생각하는 요리도 파불라가 지향하고 있는 바 입니다. 이곳의 시그니처 메뉴라고 할 수 있는 차나무버섯볶음은 경북 김천에서 유기농 계약 재배한 보이차나무버섯으로 만든답니다. 요리 자체가 보약이지요. 저희들이 이 집에 들를 때마다 빠뜨리지 않고 먹은 요리이기도 합니다.

이렇게 맛있는 요리를 만드는 주방이 궁금했습니다. 3대째 사천요리를 만들어온 37년 경력의 주방장 쉬빙(徐冰) 씨를 비롯해 쓰촨성 청두에서 모셔온 전문 요리사들이 주방을 책임지고 있습니다. 관록 있는 프로의 분위기를 물씬 풍기는 쉬 주방장에게 맛있는 요리를 만드는 비결을 물었습니다. "이곳에서 만드는 요리는 모두 오리지널 사천 것입니다만, 한국인의 입맛을 많이 고려했습니다. 모든 사천요리가 한국인의 입맛에 맞는 것은 아니니까요. 식단 메뉴를 짤 때 정통 사천요리와 한국인의 입맛을 조화시키기 위해 많은 고심을 합니다." 우리 입맛에 맞는 사천 요리는 이런 고민과 배려의 소산이더군요.

'파불라'의 또 다른 강점은 합리적인 가격입니다. 요즘 친구들과 고기 몇 점만 구워먹어도 호주머니가 금방 가벼워집니다. 이 집에서는 합리적인 가격으로 사천요리의 진수를 즐길 수 있도록 다양한 가격대의 메뉴를 선보이고 있습니다. 한번 가보시면 "아니 청담동에 이런 멋진 음식을 이 가격에 맛볼 수 있다니!"라며 놀라실 겁니다. '파불라'는 정갈하고 품격 있는 음식점이기도 합니다. 서빙하는 직원들이 하나같이 세련되고 친절합니다. 프리미엄급 사천요리 음식점을 지향하는 곳답게 고급 호텔 식당의 분위기를 느끼실 수 있습니다. '가성비' 높다는 식당에서 흔히 경험하는 어수선함이 없습니다.

김학영 대표와 함께 '파불라'의 경영을 책임지고 있는 부인 김신아(55) 대표는 구성원들에게 늘 고객들이 내 집처럼 편안하게 음식을 즐길 수 있게 챙겨줄 것을 당부한답니다. 이런 노력과 정성이 통해서인지 국내 명사들도 자주 찾는 사천요리 집을 넘어 중국에까지 입소문이 났나 봅니다. 중국인 방문 고객 중에는 "본토 사천요리 보다 더 섬세하고 맛있습니다. 친구가 꼭 가보라고 해서 들렀어요."라는 이야기를 건네고 가는 이들도 있답니다. 파불라의 요리가 빛나는 것은 이를 담아내는 식기가 받쳐주는 면도 큽니다. 이 집에서는 주로 광주요에서 만든 것을 사용하고 있는데, 요리 마다의 특성과 조화를 이루는 식그릇이 인상적입니다. 김신아 대표의 센스가 그대로 녹아 있습니다. 맛있고 감동을 주는 요리는 셰프와 서빙하는 직원들의 역할도 중요하지만 전체를 아우르는 오너의 안목과 관심이 얼마나 중요한지를 파불라에서 새삼 확인하게 됩니다.

♣ 음식점 정보

■ **가격**
　–점심 코스: 29,000~49,000원
　–저녁 코스: 59,000~89,000원
　– 단품 메뉴 가능

■ **위치**: 서울시 강남구 도산대로 81길 51, 1층(청담동 루미안빌딩 1층), 02-517-2852

■ **영업시간**: 11:30~15:00, 17:30~22:00 (설날, 추석 당일 휴무)

■ **규모 및 주차**: 약 80석(단체, 별실 가능), 식당 앞 발레 파킹 서비스(2시간 3천 원)

■ **함께하면 좋을 사람**: ①가족 ★, ②친구 ★, ③동료 ★, ④비즈니스 ★

♣ 평점

맛	★ ★ ★ ★ ★
가격	★ ★ ★ ★ ★
청결	★ ★ ★ ★ ★
서비스	★ ★ ★ ★ ★
분위기	★ ★ ★ ★ ★

❶ 모듬버섯과 파프리카로 만든 "향전야산균" 요리
❷ 파불라 쉬빙 주방장(중앙), 수리창 부주방장(왼쪽), 췌샤오용 수석요리사 (오른쪽)
❸ 파불라 전경

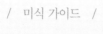

/ 미식 가이드 /

일식

'기리야마'

우동 하면 구리 료헤이의 단편소설 「우동 한 그릇」이 떠오릅니다. 일본 열도를 눈물의 도가니로 만든 밀리언셀러였지요. 불우한 세 모자와 우동집 주인의 따뜻한 배려가 가슴을 뭉클하게 하지요. 감동적인 이 소설에서 중요한 매개체가 되는 것이 '우동'입니다. 음식은 한 나라의 문화라고 하는데 저희들은 우동을 통해 일본 문화와 일본인 정서의 일단을 읽습니다.

우리나라에도 정통 일본 우동을 표방하는 집들이 많습니다만 우동집이라는 간판을 달았다고 모두 비슷한 반열에 올려놓을 수가 없더군요. 서울 강남역 근처에 있는 '기리야마'에 가시면 여느 우동집과 비교할 수 없는 탁월한 맛과 식감을 만끽하실 수 있습니다. 음식을 통해 감동을 느낀다는 것이 쉽지 않은데, 이 집에서는 그런 울림을 줍니다.

범상치 않은 우동을 서울에 선보인 '기리야마'의 신상목(48) 대표를 만나 비결을 들었습니다. 역시 맛있는 우동은 평범하게 탄생하는 것이 아니더군요. '기리야마' 우동에는 도쿄 오쿠타마에 있는 100년 전통의 우동 명가 '기리야마'로부터 전수받은 노하우에 신대표만의 치열함과 정성이 녹아있었습니다. 신대표의 육성 일부를 독자님들과 그대로 공유합니다.

"'비법은 없습니다. 굳이 비결이라면 우동을 만드는 '기본'을 확실히 하는 것입니다. 보통 면 요리 하면 국물을 강조하는데, 국물도 물론 중요하지만 면 요리의 핵심은 '면'이어야 한다고 생각합니다. 맛있는 우동면을 만들려면 기본 원료인 밀가루의 속성에 대한 정확한 이해부터 필요합니다. 우리가 주식으로 하는 쌀과 밀은 특성이 다릅니다. 밀은 쌀과 달라서 전분 상태로는 우리가 소화를 시키지 못합니다. 어떤 방식이든 열을 가해야만 소화가 가능한 상태로 바뀌게 되지요. 이러한 과정을 거치는 것을 알파라이제이션이라고 합니다."

신 대표의 이어지는 설명입니다. "알파라이제이션은 밀가루에 물을 넣어 반죽하는 '가수'와 이를 익히는 '가열'을 통해 이루어집니다. 이 중간에 '숙성'이라는 과정을 거치게 되고요. 우동에 사용하는 중력분 밀가루에 물을 어느 정도 넣을지, 숙성과정에서 계절과 날씨에 따라 온도와 습도 등은 어떻게 조절할지에 따라 우동면의 맛이 달라집니다. 여기에 신의 한 수라고 할 만한 것이 '염도' 조절이구요. 염도는 우동면의 숙성을 촉진시켜줄 뿐만 아니라 숙성과정에서 면이 쉬는 것을 방지해주는 중요한 역할을 합니다. 염도의 비율을 어떻게 가져가느냐 하는 것도 맛있는 면을 만드는 중요한 포인트 중 하나입니다."

'기리야마'의 면은 잘 익었으면서도 탄력이 있고 윤기가 흐르는 것이 특징입니다. 이 역시 많은 연구와 숨은 노력의 결과더군요. "우동면의 탄성은 반죽에 물리적인 힘을 가해 얻습니다. 자장면 만들 때 반죽을 치대는 것을 떠올리시면 됩니다. '기리야마'에서는 깨끗한 비닐로 반죽을 싼 다음 몸무게 70~80kg의 사람이 직접 밟는 방식을 사용합니다. 기계로 할 수 있지만 사람이 하는 것과는 식감이 다르더군요." 이게 끝이 아닙니다. 면을 삶는 과정도 중요합니다. "직경 4㎜의 우동면을 충분히 익히려면 약 12분을 끓여야 합니다. 문제는 면을 익히게 되면 쫄깃한 탄성을 잃어버린다는 것이지요. 면을 소화 가능하게 익히되 동시에 탄력을 유지토록 하는 것이 딜레마이지요. 이를 조화시키기 위해 '기리야마'에서 고심 끝에 개발한 방식이 특별히 제조된 대형 압력솥으로 면을 삶아 시간을 단축시키는 것입니다."

우동에서 '면'이 중요하지만 그렇다고 국물을 가볍게 생각할 수는 없지요. '기리야마'에서는 가츠오부시, 다시마, 표고버섯을 베이스로 해서 우동 국물을 만듭니다. 여기에 수천 종에 달하는 일본 간장 중 엄선해 만든 '기리야마'만의 간장을 추가해서 우동 국물을 만들어냅니다. '음식 맛은 장맛'이라는 말이 우동에도 그대로 적용됩니다. '기리야마' 우동 국물이 해산물 풍미에 담백한 맛을 내는 데에는 이런 노력이 담겨있더군요.

이런 치열함과 정성으로 만들어지는 우동이 어떻게 맛있지 않을 수 있을까요? '기리야마'의 주인장인 신 대표는 독특한 전력으로도 화제를 뿌렸던 직업 외교관 출신입니다. 연세대 법대를 졸업하고 외무고시 30회(1996년)로 공직을 시작해 주일대사관 1등서기관, 파키스탄대사관 참사관을 지냈습니다. 일본 근무 당시 우동 명가 기리야마 가문의 주인 할아버지(기리야마 구니히코)와 맺은 각별한 인연과 배움이 오늘날 서울 '기리야마 본진'이 탄생한 배경이 됐답니다. "사람을 위하고 자연을 아끼는 마음을 한 그릇의 우동에 담았습니다." 신 대표의 남다른 우동 철학입니다.

♣ 음식점 정보
■ 가격
 - 단품: 15,000~22,000원대
■ 위치: 서울시 강남구 강남대로 84
 길 23(역삼동 824-11) 한라클래
 식 지하 1층, 02-567-0068
■ 영업시간
 - 평일: 11:30~14:30 (점심),18:00
 ~22:00(저녁)
 - 토요일 및 공휴일: 12:00~21:00
 (브레이크 타임 15:30~ 17:00)
 - 매주 일요일 휴무

■ 규모 및 주차: 80석, 건물 지하 주
 차장 이용
■ 함께하면 좋을 사람: ①가족 ★, ②
 친구 ★, ③동료 ★, ④비즈니스 ★

♣ 평점
 맛   ★ ★ ★ ★ ★
 가격   ★ ★ ★ ★ ★
 청결   ★ ★ ★ ★ ★
 서비스 ★ ★ ★ ★ ☆
 분위기 ★ ★ ★ ★ ☆

❶ '기리야마' 대표 메뉴 중 하나인 "냉우동"
❷ 직접 면을 삶는 '기리야마' 신상목 대표
❸ '기리야마' 전경

정성이 빚어내는 감동의 스끼야끼 전문점, 양평
'사각하늘'

　'요리가 훌륭하여 멀리 찾아갈 만한 식당(Excellent cooking, worth a detour)'. 프랑스의 타이어 제조회사인 미쉐린이 매년 발간하는 식당 및 여행가이드(미쉐린 가이드)에서 탁월한 식당으로 인정해 별점을 줄 때 스타 2개를 부여하는 기준입니다. 스타 1개는 '요리가 훌륭한 식당', 스타 3개는 '요리가 매우 훌륭하여 맛을 보기 위해 특별한 여행을 떠날 가치가 있는 식당'을 말합니다. "미쉐린 서울" 편의 경우 선정된 음식점들에 대해 동의하는 것도 있고 아닌 것도 있지만, 스타를 부여 받는 정의는 흥미롭다는 생각을 하게 합니다. 지금 소개해드릴 집을 미쉐린 가이드 기준으로 따진다면 적어도 스타 2개나 3개는 주고 싶을 정도로 특별한 곳입니다.

　'사각하늘'. 스끼야끼와 가이세끼 요리 전문점. 경기도 양평 북한강변의 서종면에 있습니다. 외진 곳입니다. 서울 춘천 간 고속도로가 뚫리면서 음식점을 찾는 시간이 단축되었다고는 하지만 이 집은 우연히 들릴 수 있는 집은 아닙니다. 그럼에도 불구하고 일단 가보시면 후회하지 않을 집입니다. '사각하늘'의 특별함은 음식 맛도 맛이지만, 무엇보다 주인장의 '정성'이 아닐까 합니다. 음식에서부터 서비스, 분위기, 청결에 이르기까지 흠 잡을 게 없는 게 흠이라는 생각이 들 만한 집이니까요.

주인장을 어렵게 만났습니다. 남다른 음식 감각을 갖고 있는 지인의 강력한 추천을 받아 봄에 처음 연락을 드린 후 6개월여가 지난 늦가을에야 만났으니까요. 주인장이 언론 인터뷰를 극구 사양해 설득을 해야 했고 한동안 내부를 수리한 탓이지요. 주인장인 김해옥 대표를 만났을 때 받은 첫 인상은 깡마른 체구에 완벽함을 추구하는 깐깐한 분이 아닌가 싶었습니다. 하지만 곁에서 음식을 서빙하면서 요리에 대해 자상하게 설명해주고 뒷마당에 있는 살림집까지 구석구석을 안내해주는데 누구보다 넉넉함과 여유를 갖고 있는 분이라는 생각이 들었습니다. 인생에 있어 어느 경지에 다다른 사람에게서만 느낄 수 있는 내공이 느껴졌습니다.

서울 강서구에서 우동집을 하다가 1998년 양평군 서종면으로 둥지를 옮긴 김 대표에게 맛있는 음식을 만드는 비결을 물었습니다. "맛있는 요리는 좋은 재료와 정성에서 나온다고 생각합니다. 제가 요리에 재능이 있는 것은 아니지만 저희 집을 찾아주시는 고객을 생각하며 준비하고 최선의 노력을 다하려 하고 있습니다. 남편이 일본인이어서 일본을 자주 여행했습니다. 일본에서는 하루에 손님 한 팀만 받는 음식점도 제법 있습니다. 오로지 그 손님만을 위해 장을 보고 정성을 다해 음식을 준비하고 나눌 대화까지 고민을 하는 것을 보았습니다. 소소하고 작은 정성이 얼마나 중요한지 그때 배웠습니다."

'사각하늘'은 생각난다고 불쑥 들를 수 있는 곳은 아닙니다. 예약이 필수입니다. 매일 점심, 저녁에 시간대별로 딱 3팀의 손님만 받으니까요. 점심때는 12시, 오후 1시, 오후 2시 등 시간대별로 3팀씩 받으니까 손님 수로 치면 한 번에 6명에서 많아야 15명 정도만 식사가 가능합니다. 게다가 손님들에게 준비된 음식만 내놓는 것이 아니라 김 대표를 비롯해 함께 일하는 분이 식사 내내 옆에서 직접 서빙을 하면서 설명을 해줍니다. 실내 공간은 넉넉해서 좀 더 많은 손님을 받을 수도 있으련만 22년째 소수의 예약 손님만 제한적으로 받는 원칙을 고수하고 있는 이유가 궁금했습니다. "저희 집에 오시는 분들은 목적지를 정해 놓고 소중한 시간을 내서 오시는 분들이지요. 이렇게 찾아주시는 귀한 손님들이 편안하고 맛있게 식사를 즐기고 가시도록 하는 것이 저의 바램입니다. 동생 등 3명이 가게를 운영하고 있어 많은 손님을 한꺼번에 받을 여력이 없기도 없고요."

'사각하늘'은 밖에서 보면 평범한 너와집처럼 보이지만 실내 공간은 소박한 전통 한옥 분위기를 살리면서 효율성을 극대화 시킨 공간 배치가 눈에 뜨입니다. 실내 한가운데 하늘이 보이도록 중정(中庭)을 마련한 것도 인상적이고요. '사각하늘'이라는 멋진 상호가 탄생한 계기이기도 합니다. 이 집의 설계와 건축에서부터 실내 디자인에 이르기까지 모든 것은 김 대표 부부의 공동 작품. 김 대표가 꿈을 꾸면 이를 설계로 반영해서 멋진 집으로 현실화시켜 준 이는 오랫동안 한옥의 매력에 푹 빠져있던 일본 1급 건축사인 남편 구보하루요시(久保晴義) 씨. 김 대표는 건축사인 남편이 있었기에 자신의 꿈을 현실로 만들 수 있었다며 고마움을 잊지 않더군요. 이 집에서는 실내 공간 배치에서부터 가구 하나하나에 이르기까지 이들 부부의 손때가 묻지 않은 것이 없답니다. "이 집은 음식만을 파는 곳이 아닙니다. 저만의 문화를 파는 곳이라고 생각하고 있습니다." '사각하늘'에 머물렀던 순간순간의 감동과 여운이 서울로 돌아오는 길 내내 이어졌습니다.

♣ **음식점 정보**

■ **가격**

–사각하늘 오리지널 스끼야끼(점심): 38,000원(인당)

–사각하늘 오리지널 스끼야끼(저녁): 50,000원(인당)

■ **위치:** 경기도 양평군 서종면 길곡2길 53, 031–774–3670

■ **영업시간:** 수~일 12:00~15:00(점심), 17:00~20:30(저녁), 월, 화요일 휴무

■ **규모 및 주차:** 점심, 저녁 공히 일일 3타임(예: 점심은 12:00, 13:00, 14:00), 타임별 3팀(팀당 2~5명)만 예약 접수, 주차는 집 앞 마당

■ **함께하면 좋을 사람:** ①가족 ★, ②친구 ★, ③동료 ★, ④비즈니스 ★

♣ **평점**

맛	★ ★ ★ ★ ★
가격	★ ★ ★ ★ ★
청결	★ ★ ★ ★ ★
서비스	★ ★ ★ ★ ★
분위기	★ ★ ★ ★ ★

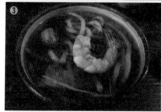

❶❷❸ : '사각하늘'의 "스끼야끼"
❹ '사각하늘'의 김해옥 대표
❺ '사각하늘' 전경

'스시소라'

'입 안에서 녹는 맛이네!'. 실속있는 초밥 애호가들 사이에서 맛있는 초밥을 쥐어주는 집으로 입소문이 나있는 '스시소라(すしそら)'에서 초밥 한 점을 입에 넣는 순간 저도 모르게 나온 탄성입니다. 생선과 밥, 와사비, 식초, 간 등이 절묘하게 조화와 균형을 이루며 좋은 맛을 내고 있었습니다. 테헤란로 뒷골목에 있는 이 집의 대표 메뉴 중 하나인 스시 오마카세(おまかせ, 셰프에게 일임하는 요리)를 카운터 테이블에 앉아 기분 좋게 즐겼습니다. 담백한 생선부터 기름지고 맛이 강한 생선에 이르기까지 13점 정도의 스시 모두 수준급의 맛을 품고 있었습니다.

이날 초밥을 쥐어준 밝고 쾌활한 헤드 셰프에게 비결을 물어봤습니다. "비싸지 않으면서 질 좋은 생선을 고르고 있습니다. 재료 보다 더욱 신경 쓰는 것은 고객께서 만족하실 수 있도록 마음까지 헤아려가며 정성을 다하는 것이고요." '스시소라'의 초밥에 대해 좀 더 깊은 이야기를 듣기 위해 오너인 나카무라 코우지(中村浩治, 42) 셰프를 따로 만나 이야기를 들어보았습니다. '스시소라'와 자매 집이라고 할 수 있는 하이엔드급 초밥집 '스시코우지(すしこぅじ)'도 함께 경영하는 그는 여느 셰프와는 차원이 다른 안목과 실력을 갖추고 있더군요.

"저희 가게 초밥이 고객들로부터 사랑 받는 비결로 '밥'을 먼저 꼽고 싶습니다. 그중에서도 밥의 '온도'입니다. 가장 맛있는 밥은 사람의 체온과 비슷한 온도라는 것이 일본에서 초밥을 제대로 쥔 다는 프로 요리사들 사이에서 오래전부터 내려오는 말입니다." 한 국 내 초밥집 중에서 밥의 온도까지 신경을 써가면서 초밥을 쥐어 주는 집이 얼마나 있을까 하는 생각이 문득 들었습니다. 아울러 초 밥은 요리사가 쥔 후 15초 안에 먹는 것이 가장 맛이 좋답니다. 시 간이 지나면 밥의 온도가 달라지니까요.

맛있는 초밥을 만들기 위해 좋은 생선과 식재료를 사용하고 정 성을 다해 만든다는 것은 맛있는 요리의 기본으로 '스시소라'도 크 게 다르지 않았습니다. 그러나 특별한 맛을 자랑하는 집은 남들이 모두 하는 것 말고 그 집만의 '한 수'가 있기 마련입니다. 코우지 셰 프는 음식 만드는 '기술'보다 '사람 됨됨이'를 우선해 보더군요. "초 밥의 맛은 어느 음식점인가 보다 누가 쥐어 주느냐가 중요하다고 생 각합니다. 셰프가 누구인지에 따라 맛에 차이가 나니까요." 생각해 보면 너무나 당연한 말이지만 코우지 셰프의 말에서 새삼 새로운 느낌을 받았습니다. 근래 레시피(recipe)가 강조되면서 많은 음식 이 표준화되어가고 있지만, 특별한 맛은 레시피만으로 되는 것이 아니라 셰프의 혼까지 담아야 한다는 뜻이겠지요.

"요리사를 뽑을 때 저는 요리실력 못지않게 사람의 태도와 인 품을 주의 깊게 살펴봅니다. 제가 젊었을 때 일본 어느 음식점에서 요리를 배우면서 얻는 교훈이 하나 있습니다. 그 시절 어떤 선배 요리사는 단골손님이 그치지 않았던 반면에 저는 우연히 찾아오신 손님을 겨우 모시는 수준이었습니다. 선배와 저의 차이가 무엇인지 골똘히 고민을 했습니다. 그때 제가 깨달은 것은 요리사는 실력뿐만 아니라 자기만의 '고객 팬'을 가져야 한다는 것이었습니다. 요리 기술은 배우면 누구나 어느 정도할 수 있습니다. 그러나 고객의 감동을 주는 요리는 기술로만으로 되는 것이 아닙니다. 최고의 요리사는 요리 실력은 기본이고, 좋은 인상과 대화술 등으로도 고객을 감동시킬 수 있어야 합니다. 음식점은 돈이 있으면 누구나 오픈할 수 있지만 유지하고 발전시키는 것은 오픈 보다 몇 배 더 어렵습니다. 고객의 감동까지 줄 수 있는 가게만이 오래 살아남을 수 있기 때문입니다."

이 정도로 치열하게 생각하면서 매일 매일 초밥을 직접 쥐고 있는 코우지 셰프 본인에게 초밥이란 무엇인지 물어보았습니다. 갑작스런 질문에 잠시 멈칫하더니 이런 답변을 내놓습니다. "이제 초밥을 빼고 제 인생을 이야기할 수 없게 되었습니다. 완성도 면에서 저는 아직도 부족한 것이 너무나 많습니다. 저의 바람이 있다면 대한민국을 넘어 일본의 어느 초밥 집과 비교해도 코우지의 초밥이 맛있다는 이야기를 듣고 싶습니다. 제 앞에 지금 큰 산이 놓여 있습니다. 아직도 올라가야 할 길이 멉니다." 일본에서 미슐랭 3스타를 받은 음식점 '간다(かんだ)'에서 요리를 배우고, 63빌딩 일식당 '슈치쿠'를 거친 코우지씨는 호주에서 부인 안유미 씨를 만난 것이 계기가 돼 한국에 정착한 20년 경력의 셰프. 그가 앞으로 개척해나갈 새로운 경지의 초밥이 기대됩니다.

♣ 음식점 정보

■ 가격
- 런치 카운터 스시오마카세
  50,000원
- 디너 카운터 스시오마카세
  80,000원

■ 위치: 서울 강남구 대치동 894 현대썬앤빌 203호, 02-567-8200

■ 영업시간: 사전 예약 권유
- 평일: 점심 11:30~12:50(1부),
  13:00~14:20(2부)
  저녁 18:00~19:50(1부), 20:00
  ~21:50(2부)
- 토, 일: 점심 11:30~12:50(1부),

13:00~14:20(2부)
저녁 17:30~19:20(1부), 19:30
~21:20(2부)

■ 규모 및 주차: 24석, 건물 지하 주차장

■ 함께하면 좋을 사람: ①가족 ★, ② 친구 ★, ③동료 ★, ④비즈니스 ★

♣ 평점

맛	★ ★ ★ ★ ★
가격	★ ★ ★ ★ ☆
청결	★ ★ ★ ★ ★
서비스	★ ★ ★ ★ ★
분위기	★ ★ ★ ★ ☆

❶ 간장에 10분 정도 절여 만든 "참치 등살 초밥"
❷ '스시소라' 오너인 나카무라 코우지 (中村浩治) 셰프
❸ '스시소라' 식당 전경

정직하고 기본에 충실한 초밥집, 상암동
'스시 키노이'

서울 상암동 방송가 뒷골목에 작은 초밥집이 있습니다. 간판도 없습니다. 식당 입구에 허리 높이쯤 세워놓은 메뉴판에 적혀있는 식당 이름이 전부입니다. 오로지 '맛' 하나로 승부를 걸겠다는 의지가 엿보입니다. 일본 어느 동네 주택가 뒷골목에서 마주쳤을 법한 느낌을 주는 소박한 집입니다.

소개드리는 집은 '스시 키노이(キノイ)'. 키노이는 '키노니오이 (きのにおい)'를 줄인 말로 '나무 향기'라는 뜻을 담았답니다. 그래서인지 '스시 키노이'에 들어서면 마치 나무로 지은 집에 들어선 것처럼 은은한 나무향이 배어있습니다. 실내 인테리어도 모두 나무입니다. 음식 맛에 앞서 절로 힐링 되는 느낌을 받습니다.

'스시 키노이'의 스시 맛을 한마디로 정의한다면 '기본에 충실한 정직한 초밥'이라고 할 수 있습니다. 얼핏 보면 특별해 보이지 않지만 초밥마다 셰프의 정성과 배려를 느낄 수 있습니다. 주택가 뒷골목이지만 종일 햇살을 받아 밝은 미닫이 현관문을 들어서면 상냥한 직원이 자리 안내를 해줍니다. 메뉴는 심플합니다. 점심은 스시 코스 하나, 저녁은 스시 코스와 사시미 두 가지가 전부니까요. 가벼운 죽으로 시작되는 스시 코스는 점심은 12피스, 저녁은

14피스가 나옵니다.

초밥 종류는 그때 그때 다릅니다. 셰프가 노량진 수산시장에서 직접 고르거나 단골 생선 집에서 배달받은 제철 생선 위주로 메뉴가 짜입니다. 음식의 맛과 가격은 비례하는 경우가 보통입니다. 가격이 비싸면 그만한 값을 하고 지나치게 저렴하면 뭔가 아쉬운 것이 있기 마련이지요. '스시 키노이'는 이처럼 양립하기 어려운 맛과 가격을 최대한 조화시키려고 애쓴 집입니다.

'스시 키노이'의 젊은 오너 셰프인 김다운(34) 대표를 만나 비결을 물었습니다. "우리나라 스시 가격이 비싼 것은 참치, 성게알, 생 와사비와 같은 고급 식재료를 많이 사용하는 것이 원인 중 하나입니다. 저희 가게에서는 비싼 식재료를 사용하지 않습니다. 그렇다고 생선의 질이 떨어지는 것은 결코 아니고요. 비싸지 않으면서도 신선한 생선과 식재료를 갖고 최상의 스시 맛을 내기 위해 많은 노력을 기우리고 있습니다. 그 결과 맛과 가격을 조화시킨 스시를 손님들에게 서비스할 수 있게 되었습니다."

초밥은 아시다시피 생선 못지않게 '밥'이 중요합니다. 역시 맛있는 초밥에는 남다른 정성이 숨어있더군요. "저희는 경기도 이천 쌀을 사용합니다. 그것도 오래 묵은 쌀을 사용하고요. 쌀의 수분이 적어야 초밥 짓기에 적합하기 때문입니다. 밥에 2종류의 고급 적초를 섞고 약간의 소금으로 간을 합니다. 밥을 지을 때 물 조절 뿐만아니라 뜸을 들이는 시간도 일정하게 유지하고 있습니다. '스시 키노이'의 옅은 갈색 초밥은 이렇게 만들어집니다." 김다운 대표의 설명입니다.

이 집의 스시가 만족을 주는 것은 이게 전부가 아닙니다. 초밥을 서비스하는 순서에 있어서도 남다른 면이 있습니다. 스시 코스의 '순서'를 정하는데 있어서도 김 대표의 깊은 배려가 담겨있습니다. "기본은 생선 맛이 약한 것에서부터 강한 것으로 순서를 정합니다만 획일적이지는 않습니다. 중간에 파도타기 식으로 변화를 주기도 합니다."

초밥마다 '온도'도 다릅니다. 어떤 것은 따뜻하게, 어떤 것은 다소 차갑게 만듭니다. 가장 좋은 식감을 살리려는 노력이지요. 초밥의 '크기'도 여느 집과 다릅니다. 일반 초밥집보다 다소 작게 초밥을 줍니다. 먹기에 편한 것도 있지만, 밥의 양이 많을 경우 지나치게 포만해지는 것을 예방하기 위한 배려이지 싶습니다. 생선에 따라 다르지만, 보통 초밥 한 점이 7그램, 쌀알 100알 정도가 담기도록 만듭니다. 초밥을 서비스하는 '속도'에서도 센스가 엿보입니다. 식사하면서 편안하게 대화를 나눌 수 있도록 빠르지도 그렇다고 늦지도 않는 적정 속도를 유지합니다. 초밥을 찍어 먹는 간장 역시 셰프가 직접 발라 줍니다. 손님은 맛을 음미하며 즐기는 일에만 집중하면 됩니다.

요리 고등학교를 졸업하고 대학에서 조리와 관련한 전공을 한 다음 일본 동경에서 스시를 배웠다는 김다운 대표에게 스시란 무엇인지를 물어보았습니다. "스시 한 점 한 점에는 인간의 마음이 담겨있다고 배웠습니다. 그 정신을 잃지 않으려고 늘 배우고 노력하고 있습니다." 자신의 이런 마음을 읽어주는 고객을 만나면 더 없이 기쁘다며 김 대표는 환하게 웃습니다.

♣ **음식점 정보**

■ **가격**
  – 점심, 스시 세트
    25,000~40,000원
  – 저녁, 스시 세트
    35,000~60,000원

■ **위치:** 서울시 마포구 상암동 12-74, 02-3151-0887

■ **영업시간:** 월~토 11:30~14:30 (점심), 18:00~22:00(저녁), 예약 필수

■ **규모 및 주차:** 15석, 별도 주차장 없음(인근 서서울 농협 지하 주차장 이용)

■ **함께하면 좋을 사람:** ①가족 ★, ②친구 ★, ③동료 ★, ④비즈니스 ★

♣ **평점**

맛	★ ★ ★ ★ ☆
가격	★ ★ ★ ★ ★
청결	★ ★ ★ ★ ★
서비스	★ ★ ★ ★ ★
분위기	★ ★ ★ ★ ☆

❶ 바지락 스시
❷ '스시 키노이'의 김다운 대표
❸ '스시 키노이' 전경

'스즈란테이'

　"세상에서 어떤 음식이 제일 맛있을까요? 근사하고 맛있다는 요리가 넘치는 세상이지만 자신의 어머니가 만든 음식만한 것이 있을까요? 어머니의 요리에는 기교를 부릴 필요가 없습니다. 가장 좋은 재료를 갖고 정성을 다해 만드는 것이 전부라고 할 수 있습니다. 사랑하는 자식과 가족이 먹는 것이니까요." 서울 용산구 동부이촌동 상가 지하에 있는 숨은 맛집 '스즈란테이(鈴蘭亭)'의 미타니 마사키(三谷正樹, 71) 오너 셰프는 이처럼 어머니의 마음과 정성으로 음식을 만든다는 말로 운을 뗍니다.

　따뜻한 미소가 늘 떠나지 않으면서도 예리한 눈빛을 지니고 있고, 70년간 살아온 인생의 연륜에서 묻어나는 카리스마를 갖고 있는 미타니 셰프가 요리를 만들면서 주방에서 가장 강조하는 것은 '정성'. "국물 요리에 채소를 얹을 때도 대충 뿌리듯이 하면 안 됩니다. 크고 작은 모든 것에 정성을 다해야지요. 그래야 맛있고 제대로 된 음식이 완성됩니다." 하나를 보면 열을 안다고, 이런 마음으로 만드는 요리이어서인지 '스즈란테이'의 요리는 맛도 맛이지만 하나같이 정성을 다하고 있다는 것이 고객의 눈에도 바로 읽힙니다.

　이 집에서 맛볼 수 있는 음식은 일본식 가정요리. 정통 셰프 출신도 아닌 미타니 대표가 어떻게 일본식 가정요리를 만들고, 음식점을 경영하게 됐는지 궁금했습니다. "저는 원래 엔지니어 출신입니다. 냉동고를 설계하는 일을 오래 해왔습니다. 일본에서 근무할 때 전국 각지를 돌아다닐 기회가 많았지요. 거래선의 많은 분들을 만나서 접대하고 접대를 받기도 하면서 10년 넘게 일본 여러 지역에 있는 최고 수준의 맛집을 두루 경험할 기회를 가졌습니다. 평소 맛있는 음식에 관심이 많았었는데 그때마다 눈여겨보면서 익혔습니다. 게다가 냉동고 설계 일을 하다보면 저장물에 관한 연구를 많이 하게 됩니다. 자연스럽게 식재료 등 유통업에 관심을 갖게 되었고요, 이런 경험과 관심이 이어져서 요리를 만들고 음식점을 경영하게까지 되었습니다."

맛있는 음식을 좋아하고 유통에 관심을 갖고 있었다고 해도 취미가 아닌 직업으로 요리를 하고 음식점을 경영한다는 것은 또 다른 차원의 일이어서 보다 직접적인 동기를 잇달아 여쭈어 보았습니다. "제가 음식점 문을 연 1998년만 해도 서울에 제대로 된 일본요리집이 별로 없었습니다. 당시 동부이촌동에는 일본인들이 많이 거주했었습니다. 가족과 함께 서울에 온 경우도 있지만, 단독으로 부임하는 상사원들도 많았고요. 그러다보니 서울에 주재하는 일본인들끼리 자주 만나 음식을 만들어 나누어 먹게 되었습니다. 그때 제가 만든 요리를 많은 분들이 맛있다며 좋아들 해 주셨어요. 이런 일들이 계기가 되어 지금 가계의 건너편 지하에서 음식점을 오픈했습니다. 간판도 없이 4, 5년간 운영했었는데 입소문을 타고 많은 분들이 찾아와 주셨습니다. 그 시절 방송 인터뷰 요청이 쇄도하기도 했었습니다."

미타니 대표는 우리가 일상적으로 당연히 여기는 것을 다른 관점에서 예리하게 지적하기도 합니다." 서울 생활하면서 제게 인상적이었던 것 중 하나는 한국인들이 '활어'를 좋아한다는 사실입니다. 문제는 활어로 먹어서 좋은 생선이 있지만 그렇지 않은 것들도 많다는 것입니다. 바다에서 생선을 잡아 수산시장의 수족관을 거쳐 전달 받을 때까지의 과정을 보면 '살아있다'는 것만으로 반드시 좋은 생선이라고 할 수 없는데도 말입니다." 우리가 무심코 지나친 부분을 지적하고 있는데 충분히 일리가 있다고 여겨집니다.

'스즈란테이'의 스즈란(鈴蘭)은 미타니 셰프의 부인 박영란(66) 대표의 이름에서 따온 것. 이처럼 아내를 생각하는 미타니 셰프를 박영란 대표는 어떻게 생각할까 궁금했습니다. "남편으로는 0점, 손님 대하는 건 110점!" 손님을 최우선으로 생각하는 맛집 '스즈란테이'는 최근 발산점을 오픈했습니다. 이들 부부의 딸이 대표로 있는 발산점이 생겨 동부이촌동을 가지 않더라도 '스즈란테이'의 맛을 그대로 서울 서남부지역에서도 편하게 접할 수 있게 되었습니다.

'최상의 재료로, 최고의 요리를 만드는 데, 최선을 다하겠다'는 다짐을 하는 미타니 셰프의 꿈은 일본의 식문화를 한국에 알리는 것. 이런 그가 보람을 느끼는 순간은 언제인지도 궁금했습니다. 손님들이 맛있게 음식을 드시고 나가면서 "감사합니다. 잘 먹었습니다!"라는 말씀을 건네주실 때랍니다. 인터뷰를 마치면서 미타니 대표에게 한 말씀 드렸습니다. "이제 칠순이시니까 적어도 10년은 더 현역으로 뛰시면서 맛있는 음식을 만들어 주세요!"

♣ 음식점 정보

■ 가격
- 단품 11,000~30,000원대

■ 위치
- 이촌점: 서울 용산구 이촌1동 301-151 로얄상가 C동 지하, 02-749-6324
- 발산점: 서울 강서구 공항대로 269-15 힐스테이트에코 2층 212호, 02-3664-7004

■ 영업시간: 11:30~22:30 (브레이크 타임 15:00~17:00)

■ 규모 및 주차
- 이촌점: 40석, 별도 전용 주차장 없음(주변 노상주차장 이용)
- 발산점: 52석, 힐스테이트 건물 주차장 이용

■ 함께하면 좋을 사람: ①가족 ★, ②친구 ★, ③동료 ★, ④비즈니스 ★

♣ 평점

맛	★ ★ ★ ★ ★
가격	★ ★ ★ ★ ★
청결	★ ★ ★ ★ ★
서비스	★ ★ ★ ★ ★
분위기	★ ★ ★ ★ ★

❶ '스즈란테이'의 "도시락"
❷ '스즈란테이'의 미타니 마사키 오너 셰프
❸ '스즈란테이' 동부이촌동점 입구 전경

'일류'는 아무나 되는 것이 아닙니다. 일류가 되려는 자는 남보다 한발 앞서가고 더 부지런해야 합니다. 치열한 경쟁도 이겨내야 하고요. 그 중에서도 극소수만이 일류 대접을 받습니다. 삿뽀로식 양고기 숯불구이인 징기스칸 전문점 '이치류(一流)'는 상호를 '일류'로 내걸었습니다. 주인장의 남다른 의지가 엿보입니다. 주성준 (51) 대표에게 작명 배경부터 물어보았습니다. "삿뽀로식 양고기 구이를 국내에 처음 선 보인 곳이 저희 집입니다. 양고기 요리에 관한한 국내 최고가 되겠다는 각오를 담고 싶었습니다. 저와 직원들이 일류가 될 수 있도록 최선을 다하겠다는 마음가짐도 표현하고 싶었고요."

자신을 딱딱한 공식적인 직함 보다 '주인장'으로 불러주기를 희망한 주 대표는 '이치류'를 개업한 지 수 년 만에 '일류'라는 이름에 걸 맞는 명성을 구축했습니다. 오감을 자극하는 맛, 깔끔하고 섬세한 고객 서비스, 편안한 분위기를 통해 음식 이상의 감동을 주는 이치류 만의 '문화'를 만들어 가고 있습니다.

징기스칸 음식점이 근래 많이 늘었지만 '이치류'는 차원이 다릅니다. 사용하는 양 고기 부터 호주산 1년 미만의 어린 양인 램

(lamb) 만을 엄선해 씁니다. 그것도 냉동육이 아닌 냉장육만을 고집합니다. 고기 손질에도 정성을 다합니다. 기름을 최대한 발라내고 순살 만을 사용하다보니 나중에는 구입한 고기의 절반만 남습니다. 매일 사용하는 고기양도 업장마다 일일 90인분으로 한정하고 있습니다. 양고기의 신선도를 유지하기 위해서입니다. 준비된 고기가 떨어지면 더 이상 손님을 받지 않습니다.

맛있게 고기를 구워내는 '이치류'의 요리법도 눈길을 끕니다. 고기 굽는 숯은 미얀마에서 수입한 화력 좋은 비장탄을 사용합니다. 가장 맛있게 고기를 구우려면 무쇠불판이 섭씨 300도를 유지해야 하기 때문입니다. 고기를 굽는 순서도 담백한 것부터 기름진 순으로 합니다. 보통 살치살-등심-갈비 순이 되지요. 물론 식사량에 따라 이 중에 한두 가지만 드셔도 됩니다. 고기와 함께 구워주는 신선한 대파와 양파는 육류와 조화를 이루며 속을 편안하게 잡아줍니다. 알맞게 구워진 양고기와 채소는 일반 간장보다 염도가 25% 가량 낮고 조미료 대신 과일 등을 넣고 숙성시킨 '이치류' 자체에서 만든 저염간장이나 소금에 찍어 드시면 됩니다.

이 집에서 고기를 드신 다음에 먹는 '공깃밥'도 별미입니다. 한 사람에게 한 그릇만 제공됩니다. '쌀밥이 이렇게 맛있을 수 있구나'라는 감탄을 자아낼 정도로 윤기가 자르르 흐르고 고슬고슬한 밥입니다. 비법을 물어봤습니다. "쌀은 고시히카리를 사용합니다. 쌀을 씻을 때 알갱이에 상처가 나지 않도록 각별히 신경을 씁니다. 쌀에 상처가 나면 윤기가 사라지니까요. 이렇게 열 번 이상을 씻습니다. 쌀을 끈적이게 하는 전분을 모두 제거하기 위해서입니다. 씻은 쌀은 냉장고에서 30분가량 저온 숙성을 시킨 다음, 청주를 약간 넣고 물 조절을 해서 초밥 짓는 방식으로 밥을 짓습니다." '이치류'에서는 이런 밥을 손님들의 식사 속도에 맞춰가면서 수시로 짓습니다. 그러다 보니 한 사람에 한 그릇만 드리는 것이지요.

이 집은 점심 영업을 하지 않고, 오후 5시부터 11시까지 저녁 손님만 받습니다. 주인장의 설명입니다. "손님은 오후 5시부터 받지만 내부적으로는 오전 12시 이전부터 고기 손질 등 준비를 합니다. 점심 때 손님을 받게 되면 사전 준비를 위한 직원들의 업무량이 늘어나게 됩니다. 직원들의 피로 누적은 고객 서비스와도 직결되고요. 저녁 영업만 제대로 하기로 결정한 이유입니다." 이곳은 예약을 받지 않는다는 것도 참고하시면 좋겠습니다. 누구든 예외 없이 도착 순서대로 기다려 식사하는 원칙을 개업 이래 지켜오고 있습니다. 제한된 공간에서 누구에게나 공평한 기회를 제공하기 위한 것으로 생각한다면 이것 역시 '이치류'의 스타일로 이해가 필요한 부분입니다.

'이치류'의 감동은 식사 마치고 나서 돌아가는 순간까지 이어집니다. 이 집에서 식사를 마치고 문을 나설 때 점장이나 종업원들이 문 앞까지 나와서 친절히 가게 문을 열어주고 허리를 굽혀 감사 인사를 합니다. '일류'의 남다름을 다시 한 번 느끼게 됩니다. 음식 그 이상의 감동이지요.

♣ 음식점 정보
■ 가격
– 단품: 25,000~29,000원
■ 위치
– 홍대본점: 서울 마포구 잔다리로 3안길 44, 02-3144-1312

– 서초점: 서울 서초구 신반포로 47길 17, 02-518-5558

– 한남점: 서울 용산구 한남대로 10길 58-6, 02-796-3331

– 여의도점: 서울 영등포구 여의도동 45-14 동북빌딩 2층, 02-769-1777
■ 영업시간: 17:00~23:00 (일요일 휴무)

■ 규모 및 주차
– 홍대본점: 25석, 주차장 없음

– 서초점: 25석, 발레 파킹 가능

– 한남점: 15석, 발레 파킹 가능

– 여의도점: 32석, 인근 KBS 별관 주차장 이용
■ 함께하면 좋을 사람: ①가족 ★, ②친구 ★, ③동료 ★, ④비즈니스 ★

♣ 평점
맛	★ ★ ★ ★ ★
가격	★ ★ ★ ★ ☆
청결	★ ★ ★ ★ ★
서비스	★ ★ ★ ★ ★
분위기	★ ★ ★ ★ ★

❶ 생살치살 구이
❷ '이치류' 주성준 대표
❸ '이치류' 한남점 전경

양식

'뇨끼바'

'맛'이란 무엇일까? 『가스트로피직스(Gastrophysics)』라는 책을 쓴 영국 옥스퍼드대 찰스 스펜스(Charles Spence) 교수는 "맛을 본다는 것은 뇌의 활동이다. 분위기, 시각, 소리, 냄새, 심지어 감촉까지 식사에 대한 사람들의 태도와 행동에 영향을 미친다"라고 주장합니다. 맛있는 요리는 좋은 재료를 갖고 정성껏 만들면 된다는 일반적인 요리관과 상당히 다른 관점입니다. 이처럼 복합적 차원에서 요리를 기획하고 디자인하는 이를 만났습니다. 한남동 '뇨끼바(Gnocchi Bar)'의 김채정(36) 대표가 오늘의 주인공.

그녀를 만나 음식에 대한 이야기를 듣기 전에 식구들과 불시에 음식점에 들러 요리 체험부터 했습니다. 첫인상이 좋았습니다. 음식점 전체에 감도는 환하고 따뜻한 분위기가 일순간 마음을 흡족하게 합니다. 다소 높은 천정에 화사한 벽면, 파스텔조의 밝은 브라운색 긴 테이블, 절제된 인테리어, 정갈함, 거기에 오픈 키친. 전체적으로 부자연스러움을 찾기 어려울 정도로 서로 조화와 균형을 이루고 있는데서 이 집 주인장의 세련되고 남다른 감각을 읽을 수 있었습니다.

음식을 맛보았습니다. 몇 가지 뇨끼(Gnocchi) 요리가 하나 같이 수준급이었습니다. 이 집이 분위기로 점수 따는 음식점이 아니라, 요리도 맛있는 곳이라는 사실을 잘 보여주고 있었습니다. 저희들이 맛 본 여러 뇨끼 중 특히 인상적이었던 것은 단호박 뇨끼. 바삭하게 튀긴 단호박 크림 뇨끼 위에 차가운 단호박 퓌레(puree: 채소나 곡물류를 삶아 걸쭉하게 만든 것)를 얹었는데 식감이 탁월합니다. 아울러 인상적이었던 것은 플레이팅. 일반 접시가 아닌 작은 프라이팬에 아름답게 요리를 담았는데 요리에 대한 주인장의 센스를 읽을 수 있었습니다.

김채정 대표를 만났습니다. 대학에서 경영학을 전공했고 패션에 관심을 갖고 있던 그녀가 더 큰 꿈을 꾸기 위해 영국으로 건너갔답니다. 그곳에서 그녀가 새로 꽂힌 것이 요리. 요리의 매력에 빠진 그녀는 정통 요리 학습 코스를 밟기로 마음을 먹습니다. 제대로 배우고 익힌 거지요. 세계적으로 명성을 갖고 있는 영국 런던에 있는 단테마리 요리학교(The Tante Marie School of Cookery)의 꼬르동 블루 디플로마 코스(Cordon blue diploma course)를 마쳤습니다. 요리에서 시작된 그녀의 호기심은 새로운 경계 영역으로 외연을 확장해 나갑니다. 제인 파커 클래식 플라우어 디자인(Jane Parker classic flower design)을 이수했고, 푸드스타일리스트 린다 터비(Linda Tubby)로부터도 배움을 받았습니다. 마케팅, 패션에서부터 시작해 요리, 플라우어 디자인, 푸드 스타일링을 익힌 그녀는 그간 익힌 기량을 국내외 TV와 잡지 등 각종 미디어의 푸드 스타일링을 디렉팅하고 유수한 레스토랑의 브랜딩, 메뉴 개발, 인테리어 컨설팅, 저술 작업 등을 통해 발휘해왔습니다.

한남동 '뇨끼바'는 음식 맛을 넘어 사람의 기분을 좋게하는 사랑방 같은 공간입니다. 음식점 안에는 장방형의 긴 테이블이 딱 하나 놓여있습니다. 음식점에 테이블 하나만 배치하는 괜찮은 식당이 근래 늘어나고 있지만, '뇨끼바'의 테이블은 그 어느 집보다 잘 어울립니다. 나이와 성별, 취향, 음식점을 찾은 이유가 모두 다른 사람들이 하나의 테이블에 앉는다는 것이 자칫 이질감이나 불편함을 느낄 만도 합니다. 하지만 적절한 조도의 따스한 전등 불빛 아래 같은 시간 같은 테이블에 어깨를 나란히 하고 앉아 각자 주문한 식사와 와인 등을 앞에 놓고 지인들과 도란도란 이야기를 나눌 때는 모르는 이웃이 이방인 아니라 마치 한솥밥을 먹는 식구들과 같은 동질감을 느끼게 해줍니다. 이 역시 김 대표의 기획과 구상의 결과물이겠지만요.

다재다능한 김 대표가 갖고 있는 요리관과 그의 심경이 궁금했습니다. "저는 음식을 단순히 먹을거리라고 생각하지 않습니다. 음식은 많은 것을 표현해주는 매개체입니다. 저는 음식을 통해 아름다움을 표현하고 싶습니다. 눈으로만 아름다운 것이 아니라 사람들이 마음으로 공감할 수 있는 그런 아름다움을 구현하고 싶었습니다. 제가 추구하는 아름다움은 자연스러움입니다. 인위적인 꾸밈은 최대한 지양하려고 하고 있고요. 그것이 저만의 색깔이라면 색깔이라고 할 수 있습니다. 많은 분들이 '부어크'를 사랑해 주셨고, '뇨끼바'도 문을 연 지 얼마 되지 않았는데 호응이 뜨겁습니다. 아직 부족한 게 많은데 과분한 관심과 사랑을 받아 늘 고맙고 송구스럽습니다. 저는 반짝 관심 받는 공간이 아니라 오랫동안 많은 분들로부터 사랑받는 공간을 만들고 싶은데 갈 길이 멉니다."

고객들이 마음에 들어하는 음식점은 요리뿐만 아니라 공간 구성, 서비스 등이 모두 만족스러워야 하는데 함께 일할 좋은 사람을 구하는 것이 너무 힘들다는 그녀에게 농담 삼아 한마디 건넸습니다. "김 대표의 생각을 헤아리며 내 일처럼 헌신해 줄 사람은 아마 세상에서 구하기 힘들 겁니다!" 그녀의 깐깐함이 누군가에게는 불편함일 수 있겠지만, 고객들이 좋은 요리를 근사한 분위기에서 누릴 수 있는 데는 이런 수고와 열정 덕분이라고 생각하면 이 역시 고맙고 감사할 따름입니다.

♣ 음식점 정보

- **가격:** 단품 20,000~30,000원대
- **위치:** 서울 용산구 한남대로 20길 41-4, 0507-1360-8300
- **영업시간:** 화~일 11:30~21:30 (브레이크 타임 14:30~17:30, 월요일, 화요일 오전 휴무)
- **규모 및 주차:** 24석(대형 긴 테이블 1개), 주차는 발렛파킹 이용

- **함께하면 좋을 사람:** ①가족 ★, ②친구 ★, ③동료 ★, ④비즈니스 ★

♣ 평점

맛	★ ★ ★ ★ ★
가격	★ ★ ★ ★ ☆
청결	★ ★ ★ ★ ★
서비스	★ ★ ★ ★ ★
분위기	★ ★ ★ ★ ★

❶ 바삭하게 튀긴 "단호박 크림 뇨끼"와 차가운 "단호박 퓌레"
❷ '뇨끼바'의 김채정 대표
❸ '뇨끼바' 전경

'더훈'

"제가 다녀 본 음식점 중 '베스트 3'에 들 만해요. 재료와 맛은 물론이고 분위기, 청결, 세심한 서비스에 이르기까지 흠 잡을 데가 없어요. 평범해 보이지만 평범하지 않은 한 수(Kick)가 있어 보여요!" 음식에 관한한 세상에서 둘째가라면 서러워할 정도로 남다른 감각을 갖고 있는 딸아이가 한남동 '더훈(The HOON)'에서 식사를 하고 나오면서하는 촌평입니다.

가벼운 점심으로 맛을 본 해산물 요리인 '그릴 브란지노(Grilled Branzino)'는 지중해 농어를 그릴에 구운 요리. 겉은 바삭하면서 속살은 부드럽게 익혀 생선의 식감이 제대로 살아있었습니다. 농어와 곁들여진 드라이 토마토, 구운 샬럿과 새우, 채소 맛도 훌륭했고요. 인상적이었던 것은 주재료인 생선뿐만 아니라 다른 식재료들이 각각 재료마다의 살아있는 맛을 품고 있으면서 전체가 조화를 이루고 있는 점이었습니다. 요리를 담는 식기도 아름다움을 넘어 음식 맛을 살리고 있었습니다. 음식에 신경 좀 쓰는 집들이 더운 음식은 더운 그릇에, 찬 음식은 찬 용기에 담아 나오지만 그 정도의 이분법을 뛰어넘는 디테일이 그릇의 온도에도 있더군요. 나중에 물어 보니 식그릇의 온도도 주방에서 손으로 일일이 체크한 다음에 요리를 담는다고 하더군요.

샌드위치인 '훈스 파니니(Hoon's Panini)'도 범상치 않았습니다. 샌드위치를 한 입 베어 물었을 때, '샌드위치라고해서 모두 똑같은 샌드위치가 아니구나!'라는 사실을 깨달았습니다. 알맞은 크기로 자른 빵 사이에 느타리버섯, 토마토, 신선채소, 아루굴라 페스토 소스를 담아 속을 채운 후 긴 나무고치를 한가운데 찔러 넣었는데 매우 인상적인 맛이었습니다. 여기에 펜네 샐러드 약간을 곁들였고요. 메뉴판에서 무작위로 고른 음식 맛이 이 정도니까 다른 요리의 맛은 말할 것도 없겠지요. 참고로 '더훈' 스스로 꼽는 시그니처 메뉴는 '케이준 립 항정살', '프렌 타이 랍스터', '복흑미 리조또'.

이처럼 근사한 음식을 맛 볼 수 있는 '더훈'을 이끌고 있는 이는 송훈(41) 오너 셰프. 요리를 제대로 배우고 익혔을 뿐만 아니라 자신만의 색깔 있는 요리를 추구하는 그야말로 국제 수준의 프로입니다. 그에게 '더훈' 요리의 특징을 물었습니다. "더훈 만의 유니크(unique)한 요리를 추구합니다. 세상에서 유일무이한 요리라고 할 수 있지요." 이 집은 뉴욕 스타일의 요리를 표방하지만 단순히 모방하는데 머물러 있지 않습니다. 송 셰프만의 상상력과 창의력을 보태서 기존 요리와 차별화되고 보다 나은 맛을 추구합니다.

송 셰프가 자신만의 색깔 있는 요리를 추구하게된 것은 세계 최고의 요리학교 중 하나로 일컬어지는 미국 CIA(Culinary Institute of America)를 졸업한 후 뉴욕 맨해튼 등지의 유명 레스토랑에서 일하면서 느낀 경험이 많은 영향을 주었답니다. 매일 양식 요리를 만들었지만 그 역시 한국인이어서인지 김치를 먹어야 속이 편안해지는 것을 느꼈다니까요. 그래서 시도하게 된 것이 동서양의 요리 기법을 두루 아우르는 것이었다고 하는군요. '더훈' 주방에서 서양식 그릴과 더불어 중국요리를 할 때 사용하는 웍(wok)을 함께 구비해 놓고 활용하는 것도 최상의 맛을 내기위한 것이라면 고정관념을 뛰어넘으려는 그의 의지의 일단을 보여주는 것이라고 할 수 있습니다.

송 셰프의 요리관이 궁금해 물었더니 명쾌한 답변이 바로 돌아왔습니다. "음식 갖고 장난치지 말자. 부모님이나 내 자식을 위한 음식이라고 생각하고 만들자!" 채소는 칼이 한번 닿으면 3일 이상 사용치 않을 것, 퓨레는 이틀이 넘으면 폐기처분하는 것도 그의 음식 철학에서 비롯된 것이지요. 그가 만든 여러 요리를 맛보면서 프로급 셰프라는 사실을 인식시켜주는 것은 균형(balance)과 조화(harmony)가 뛰어나다는 점이었습니다. 어떠한 요리든 그의 손을 거치면 재료마다의 개성을 살리면서 서로 따로 놀지 않고 조화를 이루고 있는 것이지요. 쉽게 이야기해 맛의 궁합이 절묘합니다. 그가 요리마다의 제조법을 상세히 설명해주는데 핵심 키워드는 '산도(酸度)'에 두고 있더군요. 최상의 맛을 위해 적절한 산도를 조절해 내는 것, 아무나 흉내 낼 수 없는 송훈 셰프의 실력과 정성을 말해주는 것이지요.

최고의 맛을 가진 세련된 레스토랑의 메뉴판이 간단한 종이 한 장인 것에서도 알 수 있듯이 송 셰프는 허세가 없어 보고 포부도 진솔합니다. "요리를 처음 시작할 때는 손님들께서 좋아하시는 모습을 보고 기뻐했습니다. 세월이 흘러갈수록 '요리=비즈니스'라는 생각도 많이 하게 됩니다. 함께 일하는 동료들에게 '우리 노력해서 함께 잘 먹고 잘 살자!'라고 이야기합니다. 더 열심히 노력해서 '송훈'이라는 브랜드의 요리를 전 세계에 알리고 싶고요." 뛰어난 프로 셰프이자 경영 마인드까지 갖춘 송훈 대표가 앞으로 만들어낼 요리의 신세계가 어떤 모습일지 저희도 자못 기다려집니다.

♣ **음식점 정보**
- **가격**
  - 단품: 18,000~50,000원대
  - 점심 균일가 세트 요리: 35,000원, 50,000원
  - 저녁 코스 요리: 63,000원, 95,000원
- **위치**: 서울 용산구 한남동 32-28, 010-6707-3228
- **영업시간**: 11:30~15:00, 18:00~23:00

- **규모 및 주차**: 46석, 주차는 발렛파킹 서비스
- **함께하면 좋을 사람**: ①가족 ★, ②친구 ★, ③동료 ★, ④비즈니스 ★

♣ **평점**
맛	★ ★ ★ ★ ★
가격	★ ★ ★ ★ ★
청결	★ ★ ★ ★ ★
서비스	★ ★ ★ ★ ★
분위기	★ ★ ★ ★

❶ '더훈'의 "그릴 브란지노(Grilled Branzino)"
❷ '더훈'의 송훈 오너 셰프
❸ '더훈' 전경

입맛을 저격하는 빵과 요리의 하모니
'도마 베이커리 & 테스트 키친'

프로들이 의기투합했습니다. 요리사, 제빵사 그리고 요리 전반을 아우르는 코디네이터 겸 컨설턴트. 이들이 모여 탄생시킨 음식점이 양재역 근처에 있는 '도마 베이커리 & 테스트 키친(DOMA Bakery & Test Kitchen)'입니다. 음식점 이름부터 좀 깁니다. 이유가 궁금했습니다. "저희 집은 빵을 베이스로 하는 요리를 추구합니다. '따로 또 같이'가 저희가 추구하는 가치입니다. 빵과 요리가 갖고 있는 각각의 특색을 살리면서 조화를 이루는 음식을 만들고 있습니다. '도마'는 음식을 만들 때 누구나 일상으로 사용하는 기본 도구, 그걸 말합니다. 요리나 빵도 다르지 않아서 가게 이름 앞에 '도마'를 붙였습니다. '테스트 키친'은 매너리즘에 빠지지 말고 손님들에게 최선의 음식을 만들기 위해 부단히 연구하고 노력하겠다는 저희들의 의지를 표현한 것이고요." SM F & B를 비롯해 여러 음식관련 기업의 브랜드관리 매니저와 평창 동계올림픽 특선 메뉴 개발 책임 등 다양한 경력을 갖고 있는 이현경(39) 대표의 설명입니다.

이 식당의 요리 맛은 어떨지 궁금했습니다. 몇 차례 이 집을 방문해 여러 요리를 맛보았지만, 처음 방문했던 날 점심때 맛을 본 '해산물 미나리 빠에야'와 스프, 샐러드는 오랫동안 기억에 남았습니다. '도마 베이커리 & 테스트 키친'이라는 가게 이름이 요리에 그대로 담겨있더군요. 요리를 맛보기 전에 쟁반에 담겨 나오는 요리의 자태부터가 '우리 음식이 이 정도 수준이야!'라는 메시지를 무언중에 전달하고 있었습니다. '내가 지금 근사한 고급 식당에 앉아 있나!' 하는 착각이 들 정도였습니다. 재료의 신선함이 눈에 그대로 들어왔습니다. 요리에 담긴 각각의 재료는 나름의 특성과 맛을 살리면서 서로 잘 조화를 이루고 있었습니다. 식재료가 어우러진 색상도 아름다웠고요. 심플하지만 정성을 다해 만든 요리라는 것이 읽혀졌습니다. 음식의 맛, 아름다움 모두 A+를 주고 싶었습니다.

이 집 메뉴의 특징은 '선택과 집중'입니다. 백화점식으로 가짓수를 늘리기보다 10가지 미만의 핵심 요리를 손님들에게 선보입니다. 손님 입장에서도 요리를 고르기가 한결 수월한 이점이 있습니다. 그렇다고 '도마 베이커리 & 테스트 키친'이 여기에 안주하지 않습니다. '테스트 키친'답게 계절에 따라 또는 월별로 제철 식재료의 맛을 최대한 살릴 수 있는 새로운 메뉴를 부단히 개발하고 있습니다. 이런 방식의 식당 운영은 좁은 공간에 따른 고육지책일 수 있겠지만, 고객 입장에서도 월별 또는 계절별로 '이번에는 또 어떤 멋진 요리가 탄생할까?'라는 기대감을 주는 장점도 있겠다 싶었습니다.

식사하면서 이웃 테이블로 눈이 갔습니다. 손님들의 면면을 보니 젊은 샐러리맨들이 주류를 이루었지만 중년의 고객들도 있었습니다. 한 끼 허기를 채우러 오는 모습들이 아니라 맛있고 멋진 요리를 즐기는 모습들이었습니다. 요리가 사람의 마음을 넉넉하고 행복하게 해줄 수 있다는 것을 잘 보여주고 있었습니다. "제일 미안하고 감사한 일이 점심 때 오시는 손님들께서 20~30분을 기꺼이 기다려 주시는 일입니다. 작은 식당이라 대기할 만한 공간이 없어 늘 송구스럽지요. 이런 불편함까지 감수하고 찾아주시는 손님들을 생각하면 보다 더 정성스럽게, 제대로 요리를 만들어야 되겠다는 책임감이 듭니다." 이 대표가 덧붙여 줍니다.

이 집의 또 다른 중요 파트는 빵. 음식점 이름에 '베이커리'라는 이름을 붙이고 있다시피 요리의 보조로서 빵이 아니라 요리와 같은 무게를 싣고 있는 것이 이 집의 빵입니다. 제빵 파트 역시 베테랑급 프로가 책임을 맡아 요리와 조화를 이루는 빵을 만들고 있습니다. 이현경 대표를 비롯해 '도마 베이커리 & 테스트 키친'에 참여하고 있는 멤버들은 요즘 보다 건강에 좋은 맛있는 빵을 만들기 위해 고민을 많이 하고 있답니다. 빵 고유의 맛을 유지하면서 저탄수화물 빵처럼 건강도 생각하는 것이 핵심 연구 포인트 입니다.

채식주의자들을 위한 비건(vegan) 요리도 준비하고 있습니다. 건강에 대한 소비자들의 관심이 나날이 높아가는 사회적 흐름에 발 맞춰 요리로써 이를 구현하는 것이지요. '도마 베이커리 & 테스트 키친'은 이처럼, 빵이면 빵, 요리면 요리, 모두 많은 고민과 연구 끝에 소비자들에게 선을 보이고 있습니다. 좋은 음식을 만들기 위해 준비하고 몰두하다보면 아이러니하게 음식을 만드는 이들이 자신의 식사를 제 때 챙겨먹지 못하는 경우가 자주 있답니다. 이런 분들의 노고 덕분에 우리가 행복할 수 있다는 것은 미안하고 또 감사한 일입니다.

Gourmet Guide

♣ 음식점 정보
■ 가격
 – 단품: 10,000~28,000원
■ 위치: 서울 서초구 강남대로 23길 12, 02-575-2018
■ 영업시간: 베이커리 & 차 10:00~ 22:00, 점심 11:00~14:00, 저녁 17:30~21:30, 일요일 10:00~ 17:00, 토요일 휴무
■ 규모 및 주차: 34석, 주차장 없음

■ 함께하면 좋을 사람: ①가족 ★, ② 친구 ★, ③동료 ★, ④비즈니스 ★

♣ 평점
맛   ★ ★ ★ ★ ★
가격   ★ ★ ★ ★ ★
청결   ★ ★ ★ ★ ★
서비스 ★ ★ ★ ★ ★
분위기 ★ ★ ★ ★ ☆

❶ 해산물 미나리 빠에야
❷ '도마 베이커리 & 테스트 키친'의 이현경 대표
❸ '도마 베이커리 & 테스트 키친' 전경

맛있는 생면 파스타를 격조 있게 즐길 수 있는 서래마을
'도우룸'

파스타(Pasta). 이탈리아를 대표하는 요리이지요. '파스타' 하면 빼놓을 수 없는 맛집이 서래마을에 있는 '도우룸(doughroom)'입니다. 맛으로 친다면 국내에서 첫 번째나 두 번째 손가락에 꼽힐 만한 집입니다. 파스타 마니아들 사이에서는 제법 알려져 있는데다가 TV를 통해서도 소개된 바 있어 조금 망설였지만, 이런 근사한 요리를 만드는 셰프가 누구인지, 이들이 어떤 생각과 철학을 갖고 음식을 만드는지에 대해선 제대로 알려져 있지 않아 이를 중심으로 말씀을 드립니다.

'도우룸' 파스타의 특징은 한마디로 요약하면 생면 파스타. 파스타를 만드는 많은 식당들이 주로 사용하는 면은 장기간 보관이 가능하고 상대적으로 가격이 저렴한 건면. 건면이 편리하고 이익이 더 나는데도 불구하고, '도우룸'은 음식점 이름부터 파스타 면을 만드는 공간을 의미하는 '도우(dough: 밀가루 반죽) 룸(room)'으로 지을 정도로 생면을 고집합니다. 오너인 이준(36) 셰프는 이유를 이렇게 설명하더군요. "생면과 건면은 식감부터 완전히 다릅니다. 면 요리의 핵심은 누가 뭐래도 면이지요. 요리에 따라 건면이 나은 경우도 있지만 대부분은 생면을 써야 제대로 된 파스타 요리를 표현할 수 있습니다. 생면이어야 소스도 스며들어 깊은 맛을 느낄 수 있습니다. 힘들고 번거롭지만 저희 집이 생면을 고수하는 이유입니다. 채산성만을 따지지 않고 저희만의 특화된 생면 파스타를 만들 수 있는 것은 오너십 가게니까 할 수 있는 측면도 있을 겁니다. 오너십 레스토랑은 이런 차별화된 방향으로 나가는 것이 바른 길이라는 믿음도 있고요."

'도우룸' 파스타가 부드러우면서도 쫄깃한 식감으로 사랑을 받는 또 다른 이유는 반죽을 하는 과정에서 물을 사용하지 않고 밀가루에 달걀노른자, 올리브 오일 등만을 사용하는데도 있습니다. 이렇게 해서 만들어지는 다양한 파스타를 '도우룸'에서 맛볼 수 있는데, 그 중에서 오랫동안 많은 손님들의 사랑을 받고 있는 대표적인 메뉴를 꼽는다면 '오징어 먹물 카펠리니'와 '구운 감자 뇨끼'가 있습니다. '오징어 먹물 카펠리니'는 긴 파스타 면에 고소한 마늘 버터 소스, 새우가 들어가는 요리이고, '구운 감자 뇨끼'는 감자와 치즈, 밀가루를 반죽해 만드는 뇨끼에 블랙 올리브, 트러플 오일 그리고 셀러리악 퓨레가 얹어지는 요리입니다.

'도우룸'에서 요리를 먹으면서 행복감을 느끼는 여러 이유가 있지만, 인상적인 것 중 하나는 물 흐르는 듯이 자연스러운 서비스. 우리나라의 많은 맛집들이 맛에 비해 서비스 정신의 부족으로 아쉬움을 느끼게 하는 곳이 많은데 이 집은 친절한 요리 설명과 더불어 고객이 불편함을 느끼지 않게 한 발 앞서 서비스를 제공해 주는 곳입니다. 오픈 키친 형식이라 주방과 식사하는 홀이 하나의 공간으로 완전히 열려있어 제면에서부터 조리 과정을 지켜보면서 요리를 즐길 수 있는 것도 이 집만의 매력이고요.

'도우룸'과 함께 현대 서울 음식을 맛깔 내게 만드는 유명 레스토랑인 '스와니에(Soigne)'를 경영하는 이준 오너 셰프는 요식업계뿐만 아니라 미디어를 통해 대중에게도 널리 알려진 스타급 셰프. 그의 요리관과 철학이 궁금했습니다. "요리는 제가 창작하고 싶은 것을 구현해내는 수단이라고 생각하고 있습니다. 어려서부터 요리뿐만 아니라 기계 등 뭐든지 만드는 것을 좋아했고요. 대학에서 조리과를 나오고 미국 뉴욕으로 건너가 요리 공부를 더 했습니다. 귀국해서 국내에서 처음으로 팝업 레스토랑(Pop-up restaurant : 특별한 주제나 이벤트를 갖고 단기간 운영하는 레스토랑)을 열었는데 반응이 좋았습니다. 이때 저의 요리를 알아봐주시는 좋은 투자자를 만났고 운도 따랐습니다. '음식 갖고 절대로 장난치지 말자', '요령 부리지 말자', '진심은 통한다'는 것이 제가 요리 일을 하면서 갖고 있는 생각입니다."

한국 요리 업계를 이끌어가는 대표 셰프 중 한 사람으로서 이준 대표는 단편적인 가성비를 많이 따지는 요즘의 세태에 대해서도 아쉬움을 토로합니다. "우리 사회에서 음식을 평가할 때 가성비를 많이 강조합니다. 저 역시 가성비가 중요하다고 생각합니다. 문제는 음식의 가성비를 계산할 때 지나치게 물질 중심의 효율만 따진다는 것입니다. 창의적 노력 등 다양한 요소가 가성비를 계산할 때 고려될 필요가 있다고 생각합니다. 음식도 하나의 문화라고 생각합니다. 정치, 경제, 사회 등 다른 분야하고도 긴밀히 연결되어 있고요. 가성비 문제 역시 우리 사회 전반의 분위기와 맞물려있다고 봅니다. 단선적인 물질적 효율만 따져서는 질 좋은 요리가 나오기 어렵습니다. 미디어에서도 가성비를 따질 때 좋은 재료, 장인

정신으로 기울이는 창의적 노력에 대한 온당한 평가를 함께 해주어야 대중적인 음식에서부터 고급스럽고 제대로 된 요리까지 다양한 음식 문화가 정착될 수 있을 겁니다."

♣ **음식점 정보**

■ **가격**
 – 단품: 15,000~50,000원
■ **위치**: 서울 서초구 동광로 99(방배동 797-20), 02-535-9386
■ **영업시간**: 11:30~15:00, 18:00 ~22:00
■ **규모 및 주차**: 35석, 주차는 발렛 파킨 서비스

■ **함께하면 좋을 사람**: ①가족 ★, ② 친구 ★, ③동료 ★, ④비즈니스 ★

♣ **평점**

맛	★ ★ ★ ★ ★
가격	★ ★ ★ ★ ☆
청결	★ ★ ★ ★ ★
서비스	★ ★ ★ ★ ★
분위기	★ ★ ★ ★ ★

❶ '도우룸'의 "구운 감자 뇨끼"
❷ '도우룸'의 이준 오너 셰프
❸ '도우룸' 전경

신선하고 풍성한 재료로 감동 주는 이탈리안 음식점
'레오네'

'레오네'는 경기도 일산에 있습니다. 이곳을 약속 장소로 잡으면 서울에 사시는 분들은 대개 "널려 있는 것이 이탈리안 식당인데 무슨 대단한 집이 길래 일산까지…"라는 반응을 보이십니다. 이 정도로 시큰둥한 기대를 갖고 식당을 방문했던 분들이 음식을 맛보고 나서는 "아니, 일산에 이렇게 맛있는 이탈리안 식당이 있다니! 정말 잘 불러주었어. 또다시 오고 싶다!"라는 반응을 보이십니다.

오랫동안 손님으로 '레오네'의 음식을 청해 먹다가 어느 일요일 저녁에 오너 셰프인 김건유(38) 대표를 만나 긴 이야기를 나누었습니다. '레오네'를 찾는 손님들이 김 셰프가 만든 요리의 마력에 빠지는 이유부터 물었습니다. 뭔가 특별한 '비법'이 있을 것으로 기대를 했는데 돌아오는 대답은 의외였습니다. 김 셰프는 겸연쩍어하면서 "사실 별거 없어요. 굳이 꼽자면 좋은 식재료를 아낌없이 쓴다는 것이 전부라고 할 수 있습니다. '레오네'의 음식 맛은 재료 맛입니다."

조금 현학적인 질문을 연이어 던졌습니다. "맛있는 음식이란 어떤 것이지요? 사람마다 맛에 대해 느끼는 것도 다른데…" 김 대표는 망설임 없이 바로 이런 대답을 주더군요. "음식을 드시고 '행복감'을 느끼셨다면 그것이 맛있는 것이 아닐까요." 저희 부부가 음식에 대해 갖고 있는 생각과 똑같은 이야기를 김 셰프로 부터 들을 수 있었습니다.

음식을 통해 행복감을 선사해주는 '레오네'에서는 어느 요리를 주문해도 김 셰프가 맛의 비결이라고 강조한 신선한 재료가 풍성히 들어있다는 것을 바로 느끼실 수 있습니다. '이렇게 만들어서 채산이 맞겠나!' 싶을 정도로요. 아니나 다를까 음식 값의 절반이 재료비로 들어가는 경우도 많답니다. 수익이라는 차원에서만 보면 말이 되지 않는 일이지만, '맛있는 음식'을 최우선으로 생각하는 김 셰프 다운 경영 철학이지 싶습니다. 김 셰프는 '레오네'를 찾아주시는 손님들이 자신이 만든 음식을 깨끗이 비우고 행복해 하실 때 요리사로서의 보람을 느끼게 된답니다. 그러니 재료비가 아깝다고 이를 줄일 수는 없다는 것이지요.

요리가 '심플'한 것도 '레오네'의 특징입니다. 메뉴 자체도 많지 않지만, 어느 요리도 기교를 부리지 않습니다. 이런 방식으로 요리를 만들게 되기까지는 김 셰프의 과거 경험이 녹아 있더군요. 김 셰프는 이탈리아에 있는 미쉐린 투스타 집에서 고생하면서 요리를 배웠습니다. 그 당시 어느 유명한 선배 요리사에게서 맛있는 요리를 만드는 법을 전수 받으려했지만 알 수가 없었답니다. 어느 날이 선배 요리사의 레시피 노트를 펼쳐보고는 큰 깨달음을 얻었답니다. 자신의 기대와 달리 특별한 비법을 전혀 찾지 못했기 때문입니다. 이때 김 셰프의 머리를 강타한 것이 '맛있는 음식은 레시피만으로 되는 것이 아니다'라는 것이었다는군요.

같은 재료라고 하더라도 산지에 따라 맛이 다르고 크기와 형태, 품질 모두 제 각기인데 획일적인 레시피란 있을 수 없다는 것이지요. 결국 고객의 기호를 헤아려가면서 자신만의 것을 만들어야 한다는 것을 그때 배웠다는 것입니다. 그래서 그런지 '레오네'의 음식은 이탈리안 요리로서의 기본은 지키되 기계적으로 따르는 것이 아니라 우리 입맛에 맞게 유연함을 가미한 것들이 많습니다.

'레오네'의 요리는 가격도 합리적인 편입니다. 일산의 주변 음식점들 보다는 다소 비싼 편이지만 서울 시내 이탈리안 음식점에서의 가격에 비하면 적정한 수준이라고 할 수 있습니다. 음식의 양도 푸짐하고요. 가족이나 친구들이 함께 와서 큰 부담 없이 맛있게 드실 만한 곳입니다. '레오네' 본점은 협소해서 한동안 이 집의 요리를 맛보기 위해 찾아오는 손님들이 다소 불편했었습니다. 하지만 본점 옆에 별채를 얻었고, 풍산역 근처에는 너른한 '레오네' 2호점이 생겨 그간의 불편이 해소되었습니다.

'레오네(LEONE)'라는 음식점 이름도 궁금하시지요? '레오네'는 이탈리아어로 사자를 뜻합니다. 게다가 김 셰프가 이탈리아에서 요리를 배우고 활동할 때 이름이 '레오나르도'였었던 것에 착안해 작명했답니다. 브랜드 디자인은 그래서 사자 얼굴을 형상화했고요. 지금은 요리의 세계에서도 '어떻게(How)'가 아닌 '왜(Why)'가 중요하다는 김 셰프는 '조리사'가 아닌 진정한 '요리사'를 꿈꾼답니다. 강렬한 카리스마로 맛있는 음식을 만들어내는 김건유 셰프의 열정이 빛나기를 응원합니다.

♣ **음식점 정보**

■ **가격**
　－ 단품: 17,000~30,000원

■ **위치(본점):** 경기 고양시 일산동구 대산로11번길 81 1층, 031-812-3983

■ **영업시간:** 매일 11:30~15:00(점심), 17:00~22:00(저녁)

■ **규모 및 주차:** 60여 석(별채 포함), 식당 주변 주차

■ **함께하면 좋을 사람:** ①가족 ★, ②친구 ★, ③동료 ★, ④비즈니스 ☆

♣ **평점**

맛	★ ★ ★ ★ ★
가격	★ ★ ★ ★ ★
청결	★ ★ ★ ★ ★
서비스	★ ★ ★ ★ ☆
분위기	★ ★ ★ ★ ☆

❶ 깐 마늘과 새우로 맛을 낸 "마늘 새우 링귀니"
❷ '레오네' 오너 셰프 김건유 대표
❸ '레오네' 본점 전경

편안하고 정갈한 프랑스 가정식 맛집, 익선동
'르 불란서'

"외식 나가면 가격 대비 만족도를 따지게 되는데, 이 집은 음식을 할 줄도 알지만 대접도 제대로 합니다. 뜨거운 것은 뜨겁게, 찬 것은 차갑게 내놓습니다. 단순한 것을 제대로 할 줄 아는 집이 별로 없다보니 이렇게 규칙대로 내놓는 집을 만나면 반갑기 그지없습니다. 먹는 내내 만족스러웠습니다."(대전 할머니 A)

"맛도 좋고 가격도 착하고… 눈도 즐거운 '르 불란서'… 안 올 이유가 없네요. 저녁 시간에는 대기하며 줄을 서야 하지만, 웨이팅할 만한 프랑스 가정식 맛집이네요."(젊은 여성 B)

서울 종로 3가 익선동 골목 안에 있는 '르 불란서'에 대한 네티즌들의 평가입니다. 요리와 음식점에 대한 선호는 사람마다 다양할 수밖에 없지만 공통적으로 느끼는 부분도 많습니다. '르 불란서'를 앞서 다녀간 이들의 평가와 저희가 받은 느낌도 크게 다르지 않습니다. '수준급 맛이다', '가격이 착하다', '손님을 배려하는 세심한 서비스가 좋았다', '한옥을 개조한 실내 분위기가 운치 있었다'. 한마디로 요약하면 소박한 행복감을 주는 음식점이었다고 할 수 있겠습니다.

요리에 대해 좀 더 말씀드리지요. 이 집의 대표 메뉴 중 하나인

'브레이징 비프(Braised Beef)'는 레드와인으로 브레이지드 한 프랑스식 스튜 요리입니다. 강렬한 한 수가 있는 맛은 아니지만 어머니가 오랜 시간 정성들여 만들어주신 갈비 요리처럼 언제 먹어도 질리지 않고 다시 찾고 싶게 만들었습니다. 이 집 '브레이징 비프'의 외양은 일반 음식점의 소고기 스튜와 비슷해 보이지만 응축된 깊은 맛을 담고 있는 비결은 레드 와인. 브레이지드 요리라면 보통은 재료를 뜨거운 기름에 약간 익힌 후 브레이징 팬에 물을 넣고 뚜껑을 덮은 다음 완전히 익을 때까지 서서히 조리하되 재료의 표면이 마르지 않도록 계속 국물을 발라주는 것을 말합니다. 이 집은 레드와인을 갖고 브레이지드를 함으로써 다른 곳과 차별화된 소고기 스튜 맛을 내는 것이지요. '르 불란서'의 요리는 '브레이징 비프'처럼 요란스럽지 않으면서 소박한 음식들이 대부분입니다.

요리는 만드는 이를 닮는다지요. '르 불란서'의 요리와 주인장인 김영진(37) 오너 셰프의 이미지는 많이 비슷하더군요. 화려함보다는 소박함을, 드러내기 보다는 내실을 다지는 것들이 그렇습니다. 명문 요리학교 중 하나인 미국 CIA(Culinary Institute of America)를 졸업하고 뉴욕과 서울의 유명 레스토랑에서 10여 년간 기량을 갈고 닦은 다음에 독립한 김 셰프는 어떤 요리관을 갖고 있는지 궁금했습니다. 맛있는 음식을 만들기 위해 좋은 식재료를 사용하는 것은 모든 요리사들이 공통적으로 강조하는 사항이니까 그렇다 치고, 김 셰프가 특별히 강조하는 것 중 인상적이었던 것은 '위생'이었습니다. 음식점 바닥에 물기가 남아있는 것조차 용납하지 않는 그입니다. '위생'이라는 기본을 강조하는 김 셰프라면 이 집의 요리는 더 말할 필요가 없다는 생각도 들었습니다. 하나를 보면 열을 알 수 있으니까요.

'르 불란서'는 젊은 층만 찾는 집이 아닙니다. 중·노년층도 많고 단골 외국인 손님이 있을 정도로 이방인들도 자주 찾는 집입니다. 음식도 음식이지만, 산뜻하게 한옥을 개조한 집이 주는 독특한 매력도 외국인들의 시선을 잡아 끄는 데 일조를 하는 모양입니다. '르 불란서'가 자리 잡고 있는 종로3가 익선동은 북촌, 서촌에 이어 수년 전부터 핫 플레이스가 되면서 다소 어수선하고 번잡하지만 '르 불란서'는 다릅니다. 익선동에서 편안함을 느낄 수 있게 해준다고나 할까요. 이 집이 분위기도 좋다는 평가를 받는 데는 한옥의 운치를 살리면서 세련되게 실내를 꾸민 디자인 감각이 빛을 발휘하는 것이 아닌가 싶습니다. 전통 한옥의 서까래, 창호 등 핵심은 살리면서 실내 배치, 벽지 색상, 조명 등에 세련미를 가미하고 있습니다. 게다가 작은 마당 위에 자연 채광이 되도록 만든 것은 멋진 한 수.

김 셰프는 말이 적고 조용한 편이지만 일에 대한 열정과 꿈만은 야무집니다. '르 불란서'를 오픈한 이유와 장래 포부를 이렇게 밝히더군요. "프랑스 요리는 어렵다고 생각을 하시는 분들이 많습니다. 문턱을 낮추고 싶었습니다. 프랑스 가정식 요리를 선보이게 된 이유입니다. 지금은 요리사로써 최선을 다하고 있고 또 그래야 하지만, 언젠가는 음식을 매개로 많은 분들이 새로운 경험을 할 수 있는 공간을 만들어 보고 싶습니다. CIA 졸업반 때 함께 공부했던 미국 학생들의 장래 희망을 들으면서 느끼는 게 많았습니다. 졸업생 중 셰프로 진출하기를 희망했던 학생은 3분의 1 정도에 불과하고 다른 학생들은 음식 칼럼니스트, 음식 마케팅 등 다양한 분야로 진출을 꿈꾸더군요." 기본의 중요성을 잘 알고 있는 김 셰프이니만큼 원대한 포부도 꿈으로 그치지 않고 하나씩 하나씩 현실로 만들어갈 것이라는 믿음이 생깁니다.

♣ 음식점 정보
- **가격**
  - 단품: 9,000~38,000원
- **위치**: 서울 종로구 수표로 28길 30(돈의동 26), 02-766-9951
- **영업시간**: 화~금 11:30~22:00, 토 11:30~22:30, 일 11:30~21:00 (월요일 휴무, 브레이크 타임 15:30~17:00)
- **규모 및 주차**: 42석, 인근 공영주차장 이용(대중교통 이용 권유, 지하철 종로3가역에서 도보 5분 거리)
- **함께하면 좋을 사람**: ①가족 ★, ②친구 ★, ③동료 ★, ④비즈니스 ★

♣ 평점
맛	★ ★ ★ ★ ★
가격	★ ★ ★ ★ ☆
청결	★ ★ ★ ★ ★
서비스	★ ★ ★ ★ ★
분위기	★ ★ ★ ★ ★

❶ 브레이징 비프
❷ '르 불란서'의 김영진 오너 셰프
❸ '르 불란서' 전경

'마더린러'

'베이글(Bagel)' 하면 유대인과 뉴욕이라는 단어가 먼저 떠오릅니다. 베이글을 '유대인의 음식'이라하고, 뉴욕을 '베이글의 도시'로 부르기도 하니까요. 베이글의 도시 뉴욕에는 이름난 베이글 집이 많습니다. 그 가운데 롱아일랜드 포트 워싱턴에서 많은 유대인들로부터도 호평을 받고 있는 한국인이 운영하는 베이글 집이 있습니다. '베이글 타임(BAGEL TIME)'. 이 가게를 10여 년째 운영하는 주인장이 서울 이화여대 정문 앞 골목길에 오픈한 베이글 집이 지금 소개해 드릴 '마더린러(MOTHER-IN-LAW)'입니다. 2016년 오픈해서 아직 몇 년이 되지 않았지만 맛있는 베이글을 파는 집으로 아름아름 알려져 아침부터 줄을 서서 기다려야 맛을 볼 수 있는 집이 되었지요.

미국 뉴욕에 출장 갔다 귀국해 여독이 채 풀리지 않은 김정자(62) 대표와 그의 장녀이자 점포운영을 책임지고 있는 김민지(36) 점장을 만났습니다. 많은 고객들로부터 사랑받는 비결부터 김 대표에게 물었습니다. "무슨 특별한 비법이 있겠습니까! 뉴욕에서 오랫동안 베이글을 만들어온 유대인들로부터 배우면서 스스로 세운 원칙을 충실히 지켜가고 있는 것뿐입니다. 첫째, 음식 갖고 장난치지 말자. 재료가 나쁘면 버려라. 그게 아끼는 거다. 둘째, 친절하

자. 셋째, 깨끗하자."

하지만 이게 전부는 아니더군요. '마더린러'의 베이글은 일체의 공정을 수작업으로 한다는 원칙을 고수하고 있습니다. 미국에서도 베이글을 만드는 많은 집들이 편리함을 이유로 자동화 공정을 많이 도입하고 있는 추세이지만, '마더린러'는 베이글 본연의 맛을 구현하기 위해 힘들고 번거롭더라도 전통적인 수작업 방식을 지켜가고 있습니다. 베이글의 재료는 단순합니다. 밀가루, 이스트, 약간의 소금, 물만을 사용하여 만드는 것이 기본입니다. 재료를 섞어 잘 치대어 반죽한 다음 발효과정을 거치는데, '마더린러'에서는 시간이 좀 더 걸리더라도 저온숙성이라는 방식을 적용하고 있습니다. 베이글이 겉은 바삭하면서 속은 쫀득한 식감을 갖고 있는 것은 발효된 베이글을 끓는 물에 먼저 데친 후 다시 굽는 과정을 거치기 때문입니다. 미국에서도 요즘 전기오븐에 넣고 베이글을 구워내는 집들이 많은데, '마더린러'에서는 이 역시 전통 방식대로 화덕에 넣고 표면이 노릇해질 때까지 구워냅니다.

'마더린러'의 베이글이 차별화된 맛을 자랑하는 이유를 하나 더 꼽자면 베이글에 넣어 먹는 크림치즈. 김 대표가 직접 만드는 다양한 크림치즈는 담백한 베이글의 맛을 끌어 올려주는 핵심 요소이지요. '마더린러'는 10여 명이 앉을 수 있는 작은 공간이어서 가게 안에서 식사하기보다 테이크 아웃(take-out) 손님이 많습니다. 이화여대 정문 앞 좁은 골목길에 있어 찾아가기가 다소 불편하지만, 직원들이 하나같이 친절하고, 따뜻한 실내 분위기, 세련된 디자인과 공간 구성 등이 어우러져 마치 뉴욕 현지의 베이글 집에 들어와 있는 듯한 느낌을 주는 것도 이 집만이 가진 매력입니다.

'마더린러'의 김정자 대표는 전업주부 출신. 남편이 사업을 했던 관계로 평생 집안 살림만 하던 분이 아이들 교육 뒷바라지하러 뉴욕으로 건너갔고, 거기에서 유대인들이 즐겨먹는 베이글을 눈여겨본 것이지요. 베이글 비즈니스에 뛰어들면서 그가 취한 방식은 기존에 명성을 갖고 있던 집을 인수한 것. 지금이야 뉴욕 현지의 유대인들도 인정하는 베이글 집으로 명성을 굳혔지만 인수 초기만 해도 동양인이 하는 베이글집이라는 이유만으로 유대인들이 경원시해 어려움이 많았답니다. 그는 종업원들에게 전폭적인 신뢰를 보냄으로써 많은 어려움을 극복해 냈더군요.

가게 이름을 '마더린러(MOTHER IN LAW)'로 지은 것도 궁금했습니다. '마더린러'는 우리말로 하면 '장모님'이어서 가게 안에 어느 분이 사위인지 물었더니 김 대표와 김민지 점장이 함께 빙그레 웃습니다. "손님들도 궁금해 하십니다. 종종 남성 직원을 보면 사위 아니냐고 묻곤 합니다. 하지만 사위는 제약회사에 다녀서 가게에는 없어요. 서울에 베이글집 오픈을 앞두고 상호를 무엇으로 정할지 고민이 많았습니다. 그때 사위를 비롯해 여러 사람이 제안한 것이 '마더린러' 베이글이었습니다." 김 대표의 설명입니다.

베이글은 일반 빵보다 당분, 지방 함량이 적어 소화가 잘 되고 기름에 튀기지 않아 건강 다이어트 식품이라며 베이글 예찬론을 펴는 김 대표가 갖고 있는 미래 포부가 궁금했습니다. "정직한 재료로 건강한 음식을 만드는 커다란 샌드위치 가게를 오픈해 보고 싶습니다." 인생은 **60**부터라고 하는데 누구보다 정성을 기울여 음식을 만들고 남다른 인복을 갖고 있는 김 대표가 품고 있는 꿈이니까 머지않아 더 멋진 베이글 샌드위치 가게의 탄생을 기대해봅니다.

♣ 음식점 정보

- **가격**
  – 단품: 2,000~7,400원
- **위치**: 서울 서대문구 이화여대 5길 5, 070-7758-3030
- **영업시간**: 월~금 08:30~19:30, 토, 공휴일 10:00~19:00(일요일 휴무)
- **규모 및 주차**: 10여 석, 주차장 없음(인근 공영주차장 이용)

- **함께하면 좋을 사람**: ①가족 ★, ②친구 ★, ③동료 ★, ④비즈니스 ☆

♣ 평점

맛	★ ★ ★ ★ ★
가격	★ ★ ★ ★ ★
청결	★ ★ ★ ★ ★
서비스	★ ★ ★ ★ ☆
분위기	★ ★ ★ ★ ☆

❶ '마더린러'의 "베이글"
❷ '마더린러'의 "크림치즈"
❸ '마더린러'의 김정자 대표(우)와 김민지 점장(좌)
❹ '마더린러' 전경

'메르시'

슈바인학세(Schweinshaxe). 독일 전통 족발요리를 말합니다. 슈바인학세는 이름 그대로 돼지 발끝 부분은 빼고 정강이 부분만 사용해 만들지요. 양재동 유러피언 캐주얼 식당 메르시(Merci)의 대표 요리 중 하나가 슈바인학세입니다. 요즘 우리나라에서도 슈바인학세라는 이름을 달고 독일식 족발요리를 판매하는 곳이 늘고 있지만 메르시의 요리는 이들과 차원을 달리하는 맛을 갖고 있습니다. 그렇다고 독일식을 그대로 베낀 것도 아닙니다. 독일 바이에른 주의 전통 슈바인학세 레시피를 존중하되 메르시만의 비법을 추가해 만들고 있기 때문입니다.

'메르시(Merci)'를 경영하는 김준형(39), 손수연(38) 대표 부부에게 독일 본토에서 맛보는 요리보다 낫다는 평가를 받는 비결을 물어봤습니다. "독일의 오리지널 슈바인학세는 맥주를 사랑하는 독일의 대표 음식답게 맥주의 향이 살아있는 것이 특징입니다. 보통 돼지고기를 조리할 때, 맥주에 정향, 와인 등을 넣어서 잡내를 제거하는 방식으로 만들지요. 하지만 이렇게 만든 요리를 한국인들이 처음 접했을 때 이국적인 맥주의 향이 다소 거북스럽게 느껴질 수 있습니다. 또 요리의 간도 우리 입맛을 기준으로 할 때 조금 싱겁기도 하고요. 메르시에서는 독일 전통기법을 존중하되 우리의 입맛까지 고려해서 슈바인학세를 만들고 있습니다. 생맥주에 고기를 24시간 이상 숙성시킬 때 한국인들의 입맛을 잡아줄 간장, 된장을 포함해 정향과 각종 허브, 특제 소스를 같이 넣고 있습니다. 메르시만의 특별한 마리네이드(marinade) 과정을 거치게 되면, 돼지고기 특유의 잡내가 제거되면서 고기 자체에 감칠맛이 나는 독특한 맛이 배게 됩니다. 이렇게 만들어진 고기를 서빙 직전에 오븐을 통해 다시 한 번 조리를 하고요. 이런 복잡하고 긴 과정을 거치게 되면, 고기의 겉은 바삭하고 속은 촉촉하며 적당하게 짭조름하면서 감칠맛이 나는 메르시 만의 슈바인학세가 완성 됩니다."

메르시에는 슈바인학세처럼 맥주나 와인 등 주류와 곁들이는 요리만 있는 것이 아닙니다. 친구나 가족들과는 물론이고 혼자 식사를 하는 사람도 편안하게 점심이나 저녁 한 끼를 즐길 수 있는 식사 요리도 갖추고 있습니다. 닭다리살 스테이크에 후리가케 라이스, 그린 채소, 미니콘 등을 담은 로스트 치킨라이스(Roast Chicken Rice), 볼로네제 소스, 페투치니, 베이컨, 그라나파다노 등으로 만드는 라구 파스타(Ragu Pasta), 올리브 오일, 링귀니, 새우, 마늘, 페퍼론치노, 바게트 등이 나오는 스파게티 알리오 올리오(Linguine Aglio e Olio) 등이 이런 요리들입니다. 요리마다 재료의 신선함이 눈으로 보이고 맛의 균형을 잘 잡고 있다는 느낌을 받습니다. 특히 점심때는 직장인들이나 주민들의 주머니 부담을 덜어드리기 위해 저녁때의 정상가격보다 낮추어 받는 센스도 있는 집입니다.

이탈리아나 프랑스 요리를 전문으로 하는 다른 음식점들과 비교할 때 메르시는 확실한 차별점과 경쟁력을 갖고 있어 보입니다. 메르시만의 경쟁력을 꼽아본다면, 요리에 있어 선택과 집중, 합리적 가격, 고객에 대한 배려를 들 수 있겠습니다. 메르시는 무엇보다 서양요리에 대한 문턱을 낮추고 있습니다. 메르시는 특별한 날이 아니어도 편하게 한 끼 식사를 하러, 또 좋은 친구들과 맛있는 식사를 하며 술 한 잔 나누기에 적절한 공간입니다. 메르시가 추구하는 '캐주얼 다이닝 브라세리(Casual Dining Brasserie Merci)'라는 말이 아주 잘 맞는 곳이지요.

메르시가 돋보이는 또 다른 시도 중 하나는 BYOB(Bring Your Own Bottle). 손님들이 별도의 코키지(corkage) 비용 없이 자신이 갖고 온 술을 꺼내놓고 메르시의 음식과 함께 즐길 수 있습니다. 손수연, 김준형 대표는 이런 생각을 갖고 있더군요. "요즘은 다이닝의 춘추전국시대라고 할 수 있습니다. 다이닝을 즐기는 소비자들의 수준이 상당히 상향평준화 되어가고 있습니다. 외식업을 하는 사람으로 반가운 일이지만 동시에 과거보다 높은 수준의 다이닝을 만들되 음식 가격 선은 더 낮추어야 하는 애로가 있습니다. 이를 타개하는 방안으로 프랑스, 이탈리아, 독일 요리들을 한국인의 입맛에 맞게 과감하게 변화를 시도했고 BYOB도 그 연장선상에 있습니다."

김준형 대표는 셰프이자 외식업 전문 컨설턴트로서 여러 음식점을 경영하고 있어 24시간 요리와 외식업만 생각합니다. 반면에 그의 아내 손수연 대표는 메르시의 대표인 동시에 문화 마케팅 커뮤니케이션 분야에서 현역으로 뛰고 있는 전문가. 커뮤니케이션도 사람의 마음을 읽고 헤아리는 일, 세태의 변화를 민감하게 들여다

봐야 하는 일이어서 손 대표는 고객입장에서 김 대표와 음식과 가게 운영 전반에 대해 많은 의견을 주고받는답니다. 이 집의 가게 이름을 짓는 것에서부터 모든 요리는 이들 부부의 공동협력과 노력의 소산인 셈이지요. 남이 하는 것을 그대로 따라가지 않고 뭔가 새롭고 도전적인 일에 기꺼이 나서고 있는 이들 부부의 모습을 보면서 좀 더 열심히 살아야겠다는 생각을 새삼 다시하게 됩니다. 메르시(merci)!

♣ **음식점 정보**
- **가격**
  - 단품: 7,900~30,000원대
- **위치**: 서울 서초구 논현로 23(양재동 393-1), 0507-1352-0601
- **영업시간**: 11:30~23:00
- **규모 및 주차**: 50석, 건물 후면 및 지하 주차장 이용

■ **함께하면 좋을 사람**: ①가족 ★, ②친구 ★, ③동료 ★, ④비즈니스 ★

♣ **평점**

맛	★ ★ ★ ★ ★
가격	★ ★ ★ ★ ★
청결	★ ★ ★ ★ ★
서비스	★ ★ ★ ★ ☆
분위기	★ ★ ★ ★ ☆

❶ '메르시(Merci)'의 "슈바인학세(Schweinshaxe)"
❷ '메르시(Merci)'의 손수연(좌), 김준형(우) 대표 부부
❸ '메르시(Merci)' 전경

'소금집 델리'

'소금(salt)'. 화학명은 염화나트륨, 분자식은 NaCl. 학창 시절에 배웠지요. 나트륨과 염소가 같은 비율로 결합되어 이루어지는 정입방의 결정입니다. 소금은 인간이 생명을 유지하는 데 필수적인 무기질이자 인류와 오랫동안 불가분의 관계를 맺고 있기도 합니다. 고대 종교의식에서 소금은 중요한 제물로 사용되었고, 변하지 않는 소금의 성질 때문에 계약을 맺거나 충성을 맹세할 때 소금이 징표로 사용되곤 하였습니다.

소금 이야기로 운을 뗀 것은 소개해 드릴 집의 상호가 '소금집 델리(SALT HOUSE DELI)'이기 때문입니다. 가게 이름에 걸맞게 이 집 요리는 소금을 사용해 만든 수제가공육을 베이스로 하고 있습니다. 예고 없이 음식점을 먼저 찾았습니다. 망원동 평범한 주택가 건물의 2층에 자리잡은 작은 가게였지만, 외견에서 부터 특별한 맛집의 포스가 물씬 풍겼습니다. 많은 사람들이 즐겨 찾는다는 메뉴를 몇 가지 주문해 맛을 보았습니다. 샌드위치 종류인 '잠봉 뵈르(Jambon Beurre)', '파스트라미(Pastrami)', 그리고 '베이컨 & 에그 플래터(Bacon & Eggs Platter)'를 주문했습니다.

잠봉 뵈르는 바삭한 바게트 빵 사이에 제주산 흑돼지로 만든 햄, 부드러운 아메리칸 치즈를 끼워 넣은 심플한 샌드위치였습니다. 담백한 햄의 맛과 부드러운 치즈, 바게트가 서로 조화를 이루며 맛을 잘 살려주었습니다. 파스트라미는 살짝 신미가 있는 발효빵 사이에 소금에 절인 소 어깨살 고기, 치즈, 겨자소스, 집에서 만든 피클 등을 넣어 만든 샌드위치. 잠봉 뵈르와 파스트라미는 빵사이에 넣는 고기의 종류가 다르고 내용물도 차이가 있어 단순비교는 어려우나 파스트라미가 잠봉 뵈르 보다 조금 더 촉촉하고 풍성한 맛을 지닌 샌드위치라고 할 수 있겠습니다. 두툼한 훈제 베이컨에 수란, 바삭한 감자가 곁들여진 베이컨 & 에그 플래터는 식사용으로도 좋지만 와인 안주로 함께하면 좋을 맛이었습니다.

'소금집'의 대표 요리들을 맛보면서 들었던 첫 느낌은 "다시 오고 싶다!"였습니다. 그동안 햄, 베이컨, 소시지 등 가공육보다 채소류를 즐겨온 저희들이지만 '소금집'은 좋은 음식 맛과 편안한 분위기, 절제된 서비스, 정갈함이 이런 느낌을 들게 했지 싶습니다. 이런 근사한 요리를 만들어내는 셰프와 오너가 누군지 궁금했습니다. 수소문해 만난 가게 주인장은 동갑나기 두 사람. 요리는 한국계 미국인인 조지 더럼(George Durham, 39) 대표가 담당하고, 브랜딩과 마케팅은 장대원(39) 대표가 책임을 맡고 있더군요. 두 사람의 인연을 맺어준 것은 음악. 첼리스트인 조지 더럼이 어머니의 모국인 한국을 찾아왔다가 작곡을 하며 음악활동을 하던 장대원 대표와 만나 의기투합해서 밴드를 결성했고, 이런 인연이 이어져 요리 사업도 함께하고 있는 것.

음식업을 처음 시작한 동기도 앨범 제작비 마련을 위해서였다고 합니다. 마침 조지 더럼 대표가 첼로 연주자이면서도 요리에 지대한 관심이 있어 샌프란시스코에 있는 요리학교를 졸업했다는 사실에 착안해 제대로 된 베이컨을 만들어보자며 시작한 게 음식사업이었답니다. 이들은 '제대로 만든' 요리를 추구합니다. 한 마디로 요약하자면 슬로우 푸드(slow food). 패스트푸드(fast food)의 대명사처럼 되어버린 햄, 베이컨, 소시지, 샌드위치의 고정 관념을 완전히 바꾸어 버린 이들입니다. 햄이나 베이컨을 공장 기계식이 아니라 수제로 만들고, 서두르지 않고 충분한 시간을 들여 숙성시켜 맛을 낸다는 것이지요. 한마디로 '격'이 다른 패스트푸드라고 할 수 있습니다. 장대원 대표는 이를 "간편하게 즐기되 오랜 시간 정성을 들여 가공함으로써 시간이 주는 숙성의 맛을 음식에 담고 싶었다"고 설명하더군요.

소금집의 요리에서는 '소금의 맛'이라는 걸 특별히 느끼게 해줍니다. "소금은 재료가 상하지 않도록 해주지만 동시에 원재료의 맛을 수면 위로 끌어올려주고 적절하게 숙성하도록 도와주는 기능을 합니다." 요리를 책임지고 있는 더럼 대표가 소금을 중시하는 이유입니다. 두 대표가 음식을 바라보는 관점이 비슷해서인지 이 집에서는 많은 패스트푸드 식당에서 볼 수 있는 서두름이 없습니다. 맛있는 이국적인 음식을 즐기면서 여유로움을 만끽할 수 있게 해주는 것이 이 집의 강점이기도 합니다.

성산동에 수제 가공육 공방을 두고 있고, 망원동에는 소금집 델리라는 음식점을 오픈해 가공육과 어울리는 요리를 선보이고 있는 이들이 갖고 있는 꿈은 무엇인지 궁금했습니다. "음식과 음악을 접목시키는 페스티발을 열고 싶습니다." 장 대표의 포부입니다. "저희가 만든 가공육과 요리를 갖고 한국을 뛰어 넘어 세계 시장으로 진출시켜 온당한 평가를 받고 싶습니다." 더럼 대표의 소망입니다. 그 어느 분야보다 치열한 생존 경쟁을 벌이고 있는 외식업 시장에 뛰어든 장대원과 조지 더럼 대표는 차별화 전략과 틈새시장 공략을 통해 현재 순항하고 있습니다. 모두 어렵다지만 모든 건 하기 나름이라는 교훈을 새삼 배웁니다.

♣ **음식점 정보**
- **가격**
  - 단품: 12,000∼18,000원대
- **위치**: 서울 마포구 월드컵로 19길 14, 2층, 02-336-2617
- **영업시간**: 화∼일 11:00∼22:00 (금, 토는 23:00, 월요일 휴무)
- **규모 및 주차**: 20석, 주차는 인근 공영주차장(망원1-2) 이용

- **함께하면 좋을 사람**: ①가족 ★, ②친구 ★, ③동료 ★, ④비즈니스 ★

♣ **평점**

맛	★	★	★	★	★
가격	★	★	★	★	☆
청결	★	★	★	★	★
서비스	★	★	★	★	☆
분위기	★	★	★	★	★

❶ 잠봉 뵈르(Jambon Beurre)
❷ '소금집 델리'의 장대원 대표(좌)와 조지 더럼 대표(우)
❸ '소금집 델리' 전경

'얼띵 앤 키친'

무슨 뜻이지? 처음 이 음식점을 추천 받았을 때 제일 먼저 떠오른 궁금증이었습니다. 음식점이든 상품이 되었든 '이름'이 절반은 먹고 들어가니까 이 음식점도 주인장이 깊은 생각을 하고 작명을 했겠다 싶었지만 도통 의미를 알 수 없었습니다. 더욱이 음식점이 있는 곳이 마포 토정로. 토정로는 아시다시피 조선 중기의 청빈했던 학자이자 역리에 밝아 '토정비결'이라는 예언서를 남긴 토정이지함 선생의 이름을 따서 지은 동네이기도 해서요. 어떻든 상수역 넘어 토정로 뒷 길가에 맛있고 조촐한 이탈리아 음식점이 있으니 한번 가보라는 몇몇 셰프들과 맛집 애호가들아 추천을 존중해 가게를 직접 찾아 나섰습니다. 막상 찾고 보니 요즘 핫하게 뜨고 있는 토정로 모 유명 카페 바로 이웃에 있더군요.

메뉴를 청해 음식을 골랐습니다. 잡다하지 않고 심플하게 파스타와 리조토, 샐러드 몇 가지만 적혀있는 것이 마음에 들었습니다. 테이블이 얼마 되지 않는 작은 식당인 점도 있겠지만, 손님들이 좋아하고 셰프 스스로가 자신 있게 만들 수 있는 음식 중심으로 서비스하겠다는 의지가 읽혀졌습니다. 일종의 '선택과 집중'인 셈이지요. 이 집의 대표 메뉴 중 하나라고 할 수 있는 '대파가 어우러진 명란 오일 파스타'와 '신선한 채소, 구운 새우와 버섯을 곁들인

샐러드'를 주문했습니다.

먼저 파스타의 맛? 기분 좋은 여운이 혀로 느껴졌습니다. 명란 오일 파스타를 메뉴로 내놓는 이름이 제법 알려진 다른 이탈리아 식당들에 비해 결코 뒤지지 않는 좋은 맛이었습니다. 명란 오일 파스타는 명란이 생명인데 신선함이 살아있었습니다. 파스타 면과 명란 오일이 멋진 조화를 이루면서 식감을 상승시켜 주었고요. 이집 명란 오일 파스타의 맛과 멋을 한층 끌어올려준 것은 파스타에 얹은 '대파'. 파스타와 대파라니… 파의 기본 향과 식감은 살리되 톡 쏘는 매운 맛은 잘 잡았습니다. 명란 오일 파스타에서 자칫 느낄 수도 있는 비릿함과 느끼함을 적절히 순화된 대파가 잘 잡아줌으로써 파스타의 맛을 한층 끌어올려 주었습니다.

파스타에 앞서 맛을 본 채소샐러드도 수준급. 샐러드 이름 앞에 자세히 설명한 그대로 재료로 채소, 새우, 버섯 등 식재료가 하나 같이 싱싱함을 그대로 담고 있었습니다. 샐러드의 맛도 인위적인 가공은 최소화하고 좋은 식재료의 맛을 최대한 살리는데 주안점을 두고 있었고요. 식재료 간의 맛과 색의 조화도 합격점을 줄 만했습니다. 셰프의 센스가 읽혀지더군요.

이런 요리를 만든 '얼띵 앤 키친'의 허성철(31) 오너 셰프를 만났습니다. 궁금했던 음식점 상호가 무슨 뜻인지부터 묻자 'al, thing and kitchen'을 우리말로 표기한 것이랍니다. 'al'은 'alternative'를 말하고요. 음식점과 실내 계단으로 이어져있는 2층으로 올라가보니 그 이유를 알 수 있었습니다. 위층에는 의류와 향초 등 아기자기 생활 소품을 디자인하고 판매 하는 쇼룸이 있습니다. 허 셰프의 누나가 운영하다보니 이 둘을 합해 '얼띵 앤 키친'이라고 이름을 붙였답니다. '선택 가능한 여러 물건들과 맛있는 식사가 함께하는 부엌' 정도의 뜻이 되겠지요. 그래서 그런지 이 집은 유난히 조촐하지만 따뜻하고 편합니다.

허 셰프와 많은 이야기를 나누면서 젊은 세대의 고민을 함께 읽을 수 있었습니다. 허 셰프는 군대를 가기전만 해도 요리와는 전혀 무관한 공부를 했답니다. 고등학교에서 자동차를 공부했고, 대학은 컴퓨터를 전공했으니까요. 군대에 들어가 미래 진로를 고민하던 그에게 요리에 관심을 심어준 사람은 요리사를 하다가 군에 들어온 동기의 권유가 결정적인 계기가 되었답니다. 우리가 살다 보면 예상치 못했던 인연으로 인생의 항로가 달라지는 경우가 있는데 허 셰프야말로 그런 케이스가 아닌가 싶습니다.

제대하고 패밀리 레스토랑에 들어가 밑바닥부터 일을 배웠답니다. 1년간 죽어라 일했더니 바로 몸에 무리가 생겼고요. 노동 강도가 세고 사생활도 없는 요리사의 길이 과연 자신의 길인가 싶어 흔들리는 마음을 추스를 겸 자전거 끌고 제주도로 내려갔습니다. 제주도에 머물던 그에게 손을 내민 이는 모 이탈리아 레스토랑에서 일하는 또 다른 셰프. 같이 일해 보지 않겠느냐고. 그때 허 셰프는 "내가 하고 싶은 일을 찾기보다 할 수 있는 일을 먼저 하자. 거기에서 기반을 다진 다음 하고 싶은 일을 하자."라고 마음을 굳혔답니다. 그로부터 4년간 열심히 이탈리아 요리를 배웠고 독립해 차린 것인 '얼띵 앤 키친'. 자신의 직업과 인생, 미래에 대한 많은 고민 끝에 내린 요리사의 길이기에 이제 그는 주저함이 없습니다. 성실함이 얼굴에 써있는 허 셰프가 센스도 있는 만큼 기량을 더 연마하면 머지않아 더 큰 셰프로 거듭날 것을 믿어 의심치 않습니다.

♣ 음식점 정보

■ 가격
　– 단품: 13,000~39,000원 대

■ 위치: 서울 마포구 토정로 5길 22(합정동 357-25), 0507-1404-6028

■ 영업시간: 점심 12:00~15:00, 저녁 17:30~20:30(주말 17:00~22:00), 월요일 휴무

■ 규모 및 주차: 22석, 인근 공용 주차장 이용

■ 함께하면 좋을 사람: ①가족 ★, ②친구 ★, ③동료 ★, ④비즈니스 ☆

♣ 평점

맛	★ ★ ★ ★ ★
가격	★ ★ ★ ★ ★
청결	★ ★ ★ ★ ★
서비스	★ ★ ★ ★ ☆
분위기	★ ★ ★ ★ ★

❶ '얼띵 앤 키친'의 대파가 어우러진 "명란 오일 파스타"
❷ '얼띵 앤 키친'의 허성철 대표
❸ '얼띵 앤 키친' 전경

정통 팬케이크의 맛을 온전히 즐길 수 있는
'오리지널 팬케이크 하우스'

"Tradition is delicious!" '세월이 흘러도 변함없는 가치'쯤으로 해석될 수 있는 멋진 이 문구는 가로수길에 있는 '오리지널 팬케이크 하우스'의 실내 한쪽에 붙어있습니다. 2013년에 음식점을 오픈한 이래 전현준(42) 대표와 구성원들이 추구하는 가치이기도합니다. 많은 것들이 하루가 다르게 급변하는 세상이지만 소중한 가치가 있는 것들은 시류에 흔들리지 않고 세대를 이어가며 지켜가야한다는 것이겠지요.

십여 년 전부터 한국에 브런치 바람이 불었습니다. 주말 오전에 식구나 친구들이 조용한 식당에 모여 늦은 아침을 하며 담소를 나누는 거지요. 당시 주종을 이뤘던 브런치 메뉴는 가벼운 서양식 요리가 많았지만 정체성은 모호했지요. 우리나라에 제대로 된 브런치 메뉴가 있나 싶을 정도로요. 대학에서 경영학을 전공하고 모 대기업에서 해외영업을 하던 전 대표는 우리 식문화의 변화를 눈여겨보았습니다. 그러던 차에 미국 오레곤주 포틀랜드에 사는 친형 집을 방문하면서 그 동네에서 먹어본 팬케이크에 꽂혔습니다. 한국 사회에서는 팬케이크를 디저트 정도로 여기는 경향이 있지만, 현지에서는 우리나라 집밥처럼 대중의 사랑을 받는 가정 음식이라는 사실도 발견했고요.

미국 요리하면 흔히 패스트푸드를 떠올리며 낮춰보는 경향이 있지만, 미국 음식도 음식 나름. 오리지널 팬케이크를 한국에 선보이기로 결심한 그는 미국에서 최고의 팬케이크 집으로 명성을 얻고 있는 '오리지널 팬케이크 하우스(The Original Pancake House)'의 문을 두드렸습니다. 1953년에 포틀랜드에서 문을 연이래 3대째 65년간 한결같은 팬케이크를 만들어온 이 레스토랑은 요리업계에서 권위를 인정받는 제임스 베어드 파운데이션(James Beard Foundation)로부터 '미국 최고의 10대 레스토랑'으로 선정된 집이기도 합니다. 영화배우 조지 쿠루니, 탐 크루즈, 빌 클린턴 미국 대통령도 이 집 팬케이크를 먹기 위해 찾은 곳이기도 하구요.

미국이 아닌 해외에서는 처음으로 '오리지널 팬케이크 하우스'의 이름을 달고 문을 연 가로수길 본점에서는 '신선하고 좋은 재료로 정직하게 만든 맛있는 음식을 제공한다'는 본사의 대원칙을 그대로 따르고 있습니다. 이 집의 상징적 메뉴 중 하나인 '버터밀크 팬케이크'는 언뜻 보면 단순해 보입니다. 1인분이 작은 녹두전만한 팬케이크 몇 장에 버터크림, 곁들이는 꿀이 전부이니까요. 하지만 팬케이크에 버터크림을 넉넉히 바른 후 꿀을 살짝 부어서 나이프로 잘라 입안에 넣으면 부드럽고 촉촉한 감칠맛은 글로 설명하기 어려울 정도입니다. 까다로운 입맛을 가진 미식가들조차 극찬할 정도니까요.

이처럼 특별한 맛을 내는 핵심 비결은 반죽. 버터밀크 팬케이크 반죽은 무려 170시간 동안 여러 단계의 숙성과정을 거쳐 만듭니다. 반죽도 하나에서 열까지 미국 본사의 전통방식 그대로 오롯

이 손으로 작업하고요. 효율을 따지는 미국사회지만 가정식 요리는 이처럼 좋은 재료에 정성만 보태서 만드나봅니다. 이 음식점의 또 다른 상징적인 메뉴인 왕관 모양의 '더치 베이비'도 그렇고, 오믈렛, 베이컨 등도 하나같이 좋은 재료에 정성을 아끼지 않고 만들고 있다는 것을 이 집에 가시면 눈과 맛으로 확인할 수 있습니다.

이 집이 정통 팬케이크를 판매한다고 해서 미국 본사의 것을 모두 기계적으로 따라하는 것은 아닙니다. 기본과 원칙은 지키되 우리 입맛까지 고려한 창의적인 메뉴도 새롭게 개발해가고 있으니까요. 그럼에도 불구하고 고집스럽게 지켜가는 것은 다양한 팬케이크의 기본이 되는 5가지의 반죽(독일식, 프랑스식, 와플, 스웨덴식, 버터밀크)을 하루도 거르지 않고 매일 아침 손으로 직접 만든다는 것이지요. 겉으로 드러나지 않는 이런 노력들이 쌓여져 맛있는 팬케이크가 탄생하는 게 아닐까 싶습니다.

팬케이크 하면 젊은 세대의 음식으로 여기기 쉬운데 그렇지 않습니다. '오리지널 팬케이크 하우스'의 손님을 보면 젊은 층뿐만 아니라 중장년층 단골도 많습니다. 주말 오전 시간대에는 연세 지긋한 분들이 부부나 가족들과 함께 이 집을 찾아 팬케이크를 즐기는 분들이 적지 않습니다. 할아버지부터 손자까지 3대가 함께 오는 경우도 많고, 남녀노소를 가리지 않습니다.

전 대표는 요식업계에 뛰어들면서 함께 일하는 구성원들과 원대한 포부를 공유하고 있습니다. 첫 시작은 '오리지널 팬케이크 하우스'처럼 해외의 뛰어난 브랜드를 국내에 도입해 성공적으로 안

착시키는 것이지만, 2단계로는 지역에 숨어있는 우리 토종 브랜드 음식을 발굴해 국내에 널리 알리고, 3단계로는 1, 2단계에서 습득한 노하우를 살려 우리 음식을 전 세계로 진출시킨다는 것입니다. 참 멋진 포부이지요. 저희도 꿈이 이루어지기를 응원합니다.

♣ 음식점 정보
- **가격**
  - 단품: 9,000~20,000원
- **위치**
  - 신사점: 서울 강남구 강남대로 162길 41, 02-511-7481
  - 이태원점: 서울 용산구 이태원로 153, 02-795-7481
- **영업시간**
  - 신사점: 09:30~21:30 (주말 08:00~21:30)
  - 이태원점: 08:00~21:30

- **규모 및 주차**
  - 신사점: 60석, 발렛 파킹 서비스
  - 이태원점: 100석, 지하 유료 주차장 이용
- **함께하면 좋을 사람:** ①가족 ★, ②친구 ★, ③동료 ★, ④비즈니스 ★

♣ 평점
맛	★ ★ ★ ★ ★
가격	★ ★ ★ ★ ★
청결	★ ★ ★ ★ ★
서비스	★ ★ ★ ★ ★
분위기	★ ★ ★ ★ ★

❶ '오리지널 팬케이크 하우스'의 "버터밀크 팬케이크"
❷ '오리지널 팬케이크 하우스'의 전현준 대표
❸ '오리지널 팬케이크 하우스' 전경

맛과 아름다움을 뛰어넘는 감동, 프렌치 레스토랑
'윌로뜨'

가족. 가깝다 보니 깊은 사랑을 주고받지만 상처도 많이 받는 특별한 관계이지요. 사회가 갈수록 개인주의화되고 있어도 어렵고 힘든 일이 생기면 가장 크게 믿고 의지하는 것 역시 가족입니다. 여러 맛집들을 소개하면서 '내 가족이 먹는다고 생각하며 음식을 만든다'는 곳을 종종 만납니다. 하지만 셰프의 의지만이 아니라 음식 자체에서 이런 메시지를 강렬하게 느낄 수 있는 집은 흔치 않은데 드디어 만났습니다. 강북 서촌에서 청담동으로 근래 둥지를 옮긴 프렌치 레스토랑 '윌로뜨(hulotte)'입니다.

음식에 일가견이 있는 셰프로 부터 '윌로뜨'를 추천 받았을 때 조금 망설였습니다. 맛집과 셰프들을 소개하면서 나름 정해놓은 몇 가지 기준이 있었기 때문이지요. 무엇보다 가격이었습니다. 저희가 숨은 맛집을 소개할 때 중산층 가족이 한 끼 식사를 위해 기꺼이 지불할 수 있겠다 싶은 선이 있었거든요. '윌로뜨'를 찾아 음식을 맛보고 주인장 내외와 긴 시간 이런저런 이야기를 나누면서 저희가 가졌던 '기준'을 기계적으로 고수하는 것보다 때로는 예외를 두는 것도 필요하다고 생각했습니다. 그만큼 음식 맛과 아름다움을 뛰어넘어 감동을 불러일으키는 요리들이었으니까요.

'윌로뜨'의 요리는 '자연주의'를 추구합니다. "저희 집에서는 재료에서부터 자연이 살아 숨 쉬는 것을 골라 쓰고 있습니다. 자연산이라도 천차만별이어서 좀 더 질 좋은 식재료를 구하기 위해 고기, 생선, 채소 모두 발로 뛰어다니면서 확인하는 절차를 거치고요. 화학적인 재료는 사용하지 않습니다. 음식은 색상의 조화도 중요한데, 이 역시 재료가 갖고 있는 자연의 색깔을 살려서 맞추고 있고요." '윌로뜨' 이승준(42) 오너 셰프의 설명입니다.

'윌로뜨'의 요리에는 하나 하나 의미있는 '스토리'가 있습니다. 철따라 그에 맞는 콘셉트를 정해 요리로 구현합니다. 저희가 봄에 방문했을 때의 요리 콘셉트는 '잃어버린 봄의 기억을 찾아서'입니다. 애피타이저에서 메인, 디저트에 이르기까지 봄이라는 계절에서 우리가 느낄 수 있는 추억을 요리에 담아내고 있더군요. 혀끝으로 느끼는 음식 맛도 뛰어나지만 이를 만들어내는 이가 갖고 있는 생각과 철학을 시각적으로 느낄 수 있게 만들어주는 것도 이 집에서만 얻을 수 있는 기쁨입니다. '윌로뜨' 요리는 아름답기까지 합니다. 식그릇도 작품이지만 그 위에 자연을 옮겨놓은 듯한 느낌을 줍니다. 요리마다 너무나 아름다워 한참을 감상하고 나서야 음식을 들 수 있을 정도이니까요.

이런 멋진 요리는 이승준 셰프와 그의 아내 나윤정(44) 대표의 합작품입니다. 대학에서 연극을 전공하고 미술로 진로를 바꾸어 프랑스에서 20년 가까이 살면서 여행 가이드에서부터 게스트하우스 운영 등 안 해 본 일이 없을 정도로 고생을 한 나윤정 대표, 토목공학을 전공하고 건축 일을 하다가 부인보다 1년 늦게 프랑스로 건너가 맨땅에 헤딩하듯 요리를 배운 이승준 셰프가 그간 겪은 신산(辛酸)했던 삶이 이들 요리에 고스란히 담겨있어 감동을 더해주는지도 모르겠습니다.

운명처럼 요리에 꽂힌 이 셰프는 요리의 '요' 자도 몰랐던 상태에서 프랑스로 건너가 여러 레스토랑에 100통 가까이 이력서를 보냈지만 모두 퇴짜를 맞은 아픈 경험을 갖고 있습니다. 그러다 제일 마지막에 보낸 미쉐린 원스타 레스토랑으로 부터 그에게 기회를 준다는 전갈을 받았습니다. 이 셰프는 당시 누구보다 일찍 출근하고 늦게 퇴근하며 일을 배웠답니다. 당시 가정보다 요리에만 빠져있는 남편이 섭섭했던 나 대표였지만 그의 진정성을 알고부터는 불만도 이내 지워버렸답니다. "저는 늦게 시작해서 더디게 가는 사람입니다. 남들보다 배워야 할 것이 더 많고요. 누구에게 잘 보이기 위해서가 아니라 남들보다 좀 더 시간을 들이다보니 실수로 놓치는 것을 줄여주더군요."

이 셰프가 마흔의 나이에 한국으로 돌아와 자신의 가게를 오픈한지 2년 만에 서촌에서 맛집으로 이름을 날릴 즈음 급격하게 오르는 집세를 감당키 어려워 새 곳을 물색하다 둥지를 옮긴 곳이 지금의 청담동. 이들 부부에게 음식이란 무엇일까 궁금했습니다. "음식은 인생이라고 생각합니다. 글을 쓰기위해 지리산으로 들어가 사시다가 돌아가신 아빠가 투병생활을 하면서도 몸이 성치 않은 딸을 위해 자연에서 손수 채취한 약초로 만든 효소를 맛보면서 얼마나 펑펑 울었는지 모릅니다. 음식은 우리를 울게도, 웃음 짓게도 만드는 걸 보면 음식이야말로 사람을 움직이는 가장 큰 무기가 아닐까 싶어요." 눈시울이 붉어지면서 나 대표가 아픈 가족사를 곁들여 음식관을 이야기해 줍니다. 가슴이 따뜻한 이들이 만들어내는 감동 맛집, 저희들이 오랫동안 찾던 집입니다. 뜻 깊은 날, 가장 가까운 이들과 음식으로 감동을 만끽해 보고 싶을 때 주저하지 말고 '윌로뜨'를 찾아가 보세요. 기분 좋은 추억을 만드실 것입니다. 사족 하나. 윌로뜨(hulotte)는 프랑스어로 올빼미.

♣ 음식점 정보
- **가격**
  - 런치 코스: 45,000~59,000원
  - 디너 코스: 99,000~125,000원
- **위치**: 서울 강남구 도산대로 58길 16(청담동 22-13) 청담빌딩 4층. 0507-1305-0689
- **영업시간**: 화~일 12:00~23:00 (15:00~18:00 브레이크 타임), 월요일 휴무

- **규모 및 주차**: 40석. 주차는 발렛 파킹 서비스
- **함께하면 좋을 사람**: ①가족 ★, ②친구 ★, ③동료 ☆, ④비즈니스 ★

♣ 평점
맛	★ ★ ★ ★ ★
가격	★ ★ ★ ★ ☆
청결	★ ★ ★ ★ ★
서비스	★ ★ ★ ★ ★
분위기	★ ★ ★ ★ ★

❶ 시즌 생선요리
❷ 양갈비 스테이크
❸ '윌로뜨' 가족들(오른쪽 끝이 이승준 셰프, 그 옆이 나윤정 대표)
❹ '윌로뜨' 전경

'카밀로'

라자냐(Lasagna). 이탈리아 사람들이 즐겨먹는 대표적인 파스타 중 하나이지요. 넓고 얇은 직사각형의 파스타 면 위에 다진 고기와 토마토 등으로 만든 미트 소스를 올리고 이를 겹겹이 쌓은 다음 오븐에 구워서 만들지요. 라자냐에서 중요하고 기본이 되는 것은 미트 소스인 라구(ragu). 이탈리아 라구는 볼로냐식인 라구 볼로네세와 나폴리식인 라구 알라 나폴렌타나로 흔히 대별합니다. 북부인 볼로냐 지방의 라구는 보통 고기를 잘게 썰어 으깬 뒤에 채소와 함께 단시간에 튀겨서 소스를 만듭니다. 남부 지역에서는 쇠고기나 돼지고기를 크게 썰어 집어넣고 오랫동안 끓인 후에 고깃덩어리를 제거하고 파스타에 뿌려 먹는 소스로 사용합니다.

음식을 만들거나 일을 하거나 '기본'을 지킨다는 것이 사실 가장 중요하고 또 어렵기도 합니다. '기본'은 누구나 할 수 있어 보이지만 제대로 한다는 것이 쉬운 게 아니니까요. 이탈리아 음식 중 기본이라고 할 수 있는 '라자냐', 그 중에서도 핵심이라고 할 수 있는 '라구'에 요리의 승부수를 던진 음식점이 있습니다. 입소문이 제법 나서 이탈리아 음식을 즐기는 애호가들이 자주 찾고, 서울에 와 있는 외국인들도 맛있다며 찾는 이들이 늘고 있는 집입니다. 내외국인을 가리지 않고 맛있는 라자냐를 즐길 수 있는 곳, 서교동에 있는 '카밀로(Camillo)'를 지금부터 소개해 드립니다.

'카밀로'의 라자냐가 맛있는 첫 번째 이유를 꼽으라면 좋은 재료로 정성껏 만든 라구소스를 들고 싶습니다. 6시간 동안 정성을 기울여 만드는 라구소스 는 무겁지도 그렇다고 가볍지도 않은 산뜻한 맛을 줍니다. '카밀로'의 대표 메뉴 중 하나인 이탈리아 볼로냐 스타일의 클래식 라자냐인 '에밀리아나'만 하더라도 돼지고기, 소고기, 토마토소스를 넣고 오랜 시간 끓인 라구소스로 얹어 만듭니다. '카밀로'의 주인장인 김낙영(42) 셰프는 앞으로의 포부를 묻자 대뜸 "제대로 된 라구소스의 맛을 내기위해 더 많은 노력을 기울이겠다"는 각오를 피력합니다. 요식업계의 프로급 셰프들로 부터 이미 실력을 인정받고 있는 김 셰프가 이렇게 '기본'을 더 파고 들어가겠다는 것을 보면 라구소스의 세계가 참으로 넓고 깊다는 것을 새삼 느낍니다.

'카밀로'는 한 번 찾으면 다시 가고 싶게 만드는 매력이 있습니다. 우리가 음식을 맛있게 먹고 행복감을 느끼는 것은 많은 요소들이 복합적으로 작용을 합니다. 맛있는 음식은 기본이고, 분위기와 서비스, 청결, 가격 등도 중요하지요. '카밀로'는 세련되고 아늑한 작은 아지트 같은 공간입니다. 이런 멋진 공간을 만들어낸 것은 요리 실력으로만 되는 일이 아니지 싶었습니다. 역시 김 셰프의 남다른 센스와 역량, 그간의 경험이 녹아 있더군요.

김 셰프의 원래 전공은 디자인. 대학에서 실내건축을 전공하고 독일에 디자인을 더 공부하러갔습니다. 사정이 여의치 않아 공부를 마치지 못한 채 귀국 후 설계사무소에서 3년간 일하다가 서른셋에 이탈리아로 날아갔습니다. 분식집을 하던 어머니의 영향인지 어려서부터 요리 만드는 것을 즐겼던 그가 요리사의 꿈을 실현시

키기 위해 도전을 한 것이었지요. 이탈리아 I.C.I.F라는 요리학교의 마스터코스를 거친 그는 남양유업의 이탈리아 레스토랑인 '일치브리아니'와 디저트 카페인 '백미당'에서 R&D팀장 겸 요리사로 근무한 전력을 갖고 있습니다. '카밀로'가 작지만 세련되고 편안하며 효율적인 시스템으로 운영하는 것, 마치 유럽 어느 조용한 주택가 식당에서 식사를 하는 듯한 느낌이 드는 것, 이 모든 것에는 김셰프 감각과 경험이 고스란히 담겨있습니다.

김 셰프는 오늘의 자신이 있기까지 큰 가르침을 준 스승으로 '일치프리아니'의 이탈리안 셰프였던 세르지오 오또베르, 동대문 메리어트호텔 총괄 주방장이었던 스테파노 디 살보 셰프와 한식의 대가인 조희숙 전 우송대 조리학과교수를 꼽습니다. 그는 많이 혼나면서 배웠다지만 그만큼 대성할 싹수가 보이니까 주마가편(走馬加鞭)의 훈련을 받았다고 생각합니다. 그러나 김 셰프에게 가장 든든한 우군은 부인인 고은정(37) 씨가 아닐까합니다. 가정이 있는 30대 직장인이 요리사라는 새로운 길을 걷고자할 때 그의 결단을 존중해주고 전폭적인 격려와 응원을 보내준 사람이 부인이니까요.

고된 일을 하면서도 상냥함을 잃지 않는 김낙영 셰프가 생각하는 요리란 무엇일까요? "제게 요리는 '꿈'입니다. 제가 꿈꿔왔던 일이고, 지금도 꿈을 꾸고 있지 않나 하는 생각을 종종 합니다." 꿈을 꾸고, 꿈을 현실로 만들어가고 있는 김 셰프와 이야기를 나누면서 문득 조용필의 '꿈'이란 노래의 한 구절이 떠올랐습니다.

머나먼 길을 찾아 여기에
꿈을 찾아 여기에

괴롭고도 험한 이 길을 왔는데

이 세상 어디가 숲인지

어디가 늪인지

그 누구도 말을 않네

덧붙임: '카밀로' 바로 인근에 스튜와 생면 파스타를 전문으로
하는 2호점 '첸토페르첸토'가 있습니다.

♣ **음식점 정보**

■ **가격**
- 단품: 15,000~28,000원
■ **위치**: 서울 마포구 서교동 382-13, 02-332-8622
■ **영업시간**: 11:45~21:30(14:30~18:00 브레이크 타임)
■ **규모 및 주차**: 15석, 주차장 없음
■ **함께하면 좋을 사람**: ①가족 ★, ② 친구 ★, ③동료 ★, ④비즈니스 ☆

♣ **평점**

맛	★	★	★	★	★
가격	★	★	★	★	★
청결	★	★	★	★	★
서비스	★	★	★	★	★
분위기	★	★	★	★	★

❶ '카밀로'의 대표적 요리 중 하나인
  "몬타나"
❷ '카밀로'의 김낙영 오너 셰프
❸ '카밀로' 전경

'파스토'

유럽 어느 언덕길을 오르다가 만날 것 같은 집. 지나치게 크지도 그렇다고 작지도 않은 집. 화려하지 않지만 실내로 들어가면 따뜻한 분위기가 묻어나는 집. 오늘 소개해 드릴 음식점은 이런 그림에 가까이 다가가 있는 집입니다. '파스토(PASTO)'. 청담동 SSG 뒤편 야트막한 언덕길 주택가에 있습니다. 이탈리아 음식을 좋아하는 마니아들에게는 제법 알려져 있는 곳이지만 어떤 요리를 선보이는지 궁금해서 어느 날 들러 음식 맛부터 살펴보았습니다. 역시 기대에 어긋나지 않더군요. 파스타나 리조또 모두 눈과 입으로 맛있게 먹었습니다. 이런 멋진 음식점을 운영하는 주인장이 어떤 분인지 궁금했습니다. 젊은 오너인 조이 김(Joey Kim, 33) 대표를 만났습니다.

'파스토'가 추구하는 콘셉트부터 물어봤습니다. 경쾌하게 이런 설명을 해주더군요. "'Friendly & Boutique Ristorante'를 추구합니다. '식사시간'이란 뜻의 이탈리아어인 '파스토(PASTO)'는 찾아주시는 고객님들의 식사시간을 조금 더 즐겁고 행복하게 만들어드리는 것을 목표로 삼고 있습니다. 'Friendly'와 'Boutique'라는 단어가 저희가 추구하는 가치를 집약하고 있습니다. 말 그대로 이국적이면서도 소박한 공간에서 편안하게 요리를 즐기실 수 있도록 해드리는 것을 저희들의 사명으로 생각하고 있습니다."

'파스토'는 여타 이탈리아 음식점들과 차별성을 갖고 있더군요. 요리의 맛은 기본이고 세련된 서비스와 친절함, 잘되는 음식점에서만 느낄 수 있는 구성원들의 활력이 무엇보다 인상적이었습니다. 김 대표에게 비결을 물었습니다. "근래 스타 셰프들의 등장으로 요식업에 대한 일반 국민들의 인식이 많이 달라졌습니다. 하지만 다른 직업에 비해 상대적으로 존중받지 못하는 부분이 여전히 많습니다. 안팎의 상황이 어렵다보니 많은 음식점들이 구성원들에게 저임금으로 장시간의 노동을 강요하는 경우가 적지 않습니다. 저희 집에서는 요리를 만들든 서빙 일을 하든 음식점 구성원 한 사람 한 사람이 소중한 인격체로 존중 받으면서 하고 있는 일에 상응하는 보수와 복지, 권리를 누릴 수 있는 문화를 만들어 보려 합니다." 너무나 당연하고 음식업 종사자라면 누구나 마땅히 누려야 할 기본권이지만 여러 이유로 근로조건이 열악한 요식업계의 현실과 비교하다보니 김 대표의 시도가 한층 빛나고 아름다워 보입니다.

음식점에 가서 좋은 분위기 속에서 친절한 서비스를 받으면 만족도가 배가되지만 친절함이 음식 맛을 무조건 담보해주는 것은 아닙니다. '파스토'의 음식 맛을 따로 떼어서 말씀드리면 전반적으로 A학점을 주기에 손색이 없습니다. 파스타, 리조또, 가리비 관자 등 서로 유형이 다른 요리들을 고루 맛보았는데 좋은 식재료가 갖고 있는 본연의 맛을 잘 살리고 있고, 재료와 소스의 조화가 훌륭했습니다. 이탈리아 본토 요리를 그대로 구현해내면 다소 짜서 거북함이 있을 수 있는데 우리 입맛까지도 잘 고려하고 있었습니다.

접시에 음식을 플레이팅 하는 솜씨 역시 범상치 않아 시각적 아름다움을 줍니다. 요리마다 만든 이의 깊은 정성이 녹아있고요.

　'파스토'를 이끌어가고 있는 김 대표는 스마트하고 다재다능한 팔방미인. 고등학교 졸업 후 연극에 빠져 극단 단원 생활을 했고 대학에 진학해서는 바텐더 생활을 하면서 요식업계의 현장을 온몸으로 익힌 경험을 갖고 있습니다. 대학도 신학대학을 다녔고 전공은 광고홍보구요. 국내외 여행을 좋아해서 여행을 통해 많은 자극을 받는다는 그입니다. 이질적으로 보이는 다방면의 일을 어려서부터 두루 경험해서인지 고객의 마음을 읽어내는 감각, 다양한 사람을 모으고 조화와 협력을 이끌어내는 일, 어려운 일을 돌파하는 문제 해결 능력에서 김 대표는 탁월한 실력을 발휘하고 있습니다. 김 대표가 요식업계에 본격적으로 뛰어든 건 군대를 다녀온 후 유명 이탈리아 음식점인 그라노(GRANO)에서 매니저로 일하면서부터. 이후 스코파 더 셰프(Scopa The Chef)를 공동으로 운영한 바 있고, 2016년 드디어 현장에서 쌓은 경험과 인맥을 모아 파스토를 오픈했답니다.

　'파스토'에서 아쉬운 것을 하나 꼽자면 음식 가격. 얼핏 보면 유사한 요리를 파는 레스토랑에 비해 가격이 다소 비싼 것 아닌가하는 느낌을 받으실 수 있습니다. 하지만 음식 맛과 차별화된 서비스 등을 두루 감안하면 충분히 비용을 지불할 가치가 있는 집입니다. 음식 가격을 이렇게 설정한데는 김 대표 나름의 많은 고민과 생각이 있었겠지만 '파스토'가 생존전략으로 삼은 것 중 하나가 타깃 오디언스를 매스티지(masstige) 층으로 잡은 것도 이유 중 하나입니다. 매스티지라는 말 그대로 음식에 있어 명품을 지향하되 소수의 부유층만 겨냥한 것이 아니라 중산층도 소비 가능한 명품을 지향하는 집이기 때문입니다. 저렴한 가격으로 맛있는 음식을 즐길 수 있는 대중음식점도 필요하지만 '파스토'처럼 자신만의 컬러를 갖고 요리의 수준을 높여가는 곳도 우리 식문화의 다양성과 발전을 위해 필요하다고 생각합니다.

♣ 음식점 정보

■ 가격
　－단품: 30,000~40,000원 내외
■ 위치: 서울 강남구 도산대로 62길 17(청담동 19-4) 지하 1층, 02-515-6878
■ 영업시간: 12:00~15:00, 17:30~23:00(일요일 휴무)
■ 규모 및 주차: 43석, 주차는 발렛파킹 이용 가능

■ 함께하면 좋을 사람: ①가족 ★, ②친구 ★, ③동료 ★, ④비즈니스 ★

♣ 평점

맛	★ ★ ★ ★ ★
가격	★ ★ ★ ★ ☆
청결	★ ★ ★ ★ ★
서비스	★ ★ ★ ★ ★
분위기	★ ★ ★ ★ ★

❶ 파스토 시스니쳐 디쉬 가리비 요리인 "트리콜로르(TRICOLORE)"
❷ 파스토의 조이 김(Joey Kim) 대표
❸ 파스토 전경

'피키 파파'

"이병철, 정주영 회장님이 돌아가시면서 돈을 갖고 가셨습니까? 제가 오랫동안 광고 일을 해왔습니다. 소중한 비즈니스였지만 지금까지 궁극적으로는 돈을 버는 것이 목적이었습니다. 이제 사업은 집사람에게 부탁하고 더 늦기 전에 제가 꿈꿔왔던 일에 전념하고 싶었습니다. 새 일로 돈을 벌기보다는 많은 분들과 즐거움과 기쁨을 함께 나누면 좋겠다는 생각 하나로 시작했습니다." 맛있다는 표현이 부족할 정도로 '감탄'을 자아내게 만드는 피자와 팥빵을 맛볼 수 있는 집으로 입소문이 나기 시작한 신사동 가로수길에 있는 '피키 파파(Picky Papa)'의 이종호(64) 대표는 이렇게 말문을 열었습니다.

이 대표의 말만 들으면 '여유 있는 사람이 고상한 취미생활 하는 거네!'라고 속단할 수 있습니다. 하지만 그의 손을 거쳐 만들어 낸 음식을 경험하면 선입견은 곧 사라집니다. '피키 파파'의 피자는 피자 맛을 좀 안다는 분들조차 이탈리아 본토에서 먹어본 웬만한 피자 보다 한수 위라고 평하십니다. 팥빵을 좋아해서 서울에서 이름난 빵집을 두루 섭렵하고 다니셨던 미식가들도 이 대표가 직접 만든 단팥빵과 도넛을 맛보고는 탄성을 터트립니다. 이들과 곁들이는 커피도 남다릅니다. 신선한 원두의 맛을 제대로 살린 커피 맛을 보신 분들은 음식점을 나가기 전에 로스팅 된 원두를 사 가시는 분들도 꽤나 많습니다.

어떤 일이든 손에 쥐면 최고와 최상을 추구하는 이 대표의 스타일을 오랫동안 지켜본 저희들은 '피키 파파'에서도 이 분만의 성격이 녹아있음을 느낄 수 있었습니다. 맛있는 빵과 피자를 만드는 비결부터 들어보았습니다. 역시 재료 선정부터 만드는 과정에 이르기까지 남다른 열정과 세심함이 숨어있더군요. 우선 많은 사람들의 감탄을 자아내는 단팥빵부터 소개해드립니다. 이 집의 단팥빵은 겉은 바삭하면서 속은 부드럽고, 팥소는 팥 본연의 맛을 살리고 있습니다. 체질상 팥을 좋아하지 않는 이들조차 이 대표가 만든 팥빵을 먹고 나서는 거북함을 전혀 느끼지 못하고 맛있게 먹었다고 할 정도니까요.

'피키 파파'의 단팥빵은 앙금부터 다릅니다. 순수한 팥앙금만을 걸러서 사용합니다. 많은 빵집이 채산성 때문에 팥을 삶아 껍질째 갈아서 사용하지만 이 대표는 껍질은 모두 버리고 순수한 앙금만을 사용합니다. 제대로 된 팥빵은 이렇게 만들어야 한다고 배운 원칙을 그대로 지키고 있는 것이지요. 좋은 팥을 골라서 삶고 채로 걸러 껍질을 벗긴 다음, 앙금을 하루 동안 건조시킵니다. 이것을 다시 3시간 정도 끓여 이 대표만의 맛있는 앙금을 만드는 것이지요. 팥소를 둘러싼 빵도 프랑스에서 수입한 무방부제 밀가루를 사용합니다. 이 집의 별미인 도넛도 마찬가지입니다. 달거나 두툼한 빵에 설탕만 잔뜩 묻힌 도넛이 아니라 맛있는 팥소를 얇은 피로 감싼 뒤에 베트남에서 수입한 고급 계피가루를 섞은 설탕을 가볍게 뿌려서 남다른 맛을 냅니다.

이런 제작 비법은 오래전 일본의 제빵 고수에게서 이 대표가 직접 사사받은 것. 광고물 제작을 좀 더 제대로 배우기 위해 일본에 건너갔던 이 대표는 그곳에서 제빵 고수 할아버지와 각별해졌답니다. 자식도 부인도 없이 홀로 살던 그 분은 자신이 알고 있는 제빵 기술을 빵에 남다른 관심을 보였던 이 대표에게 전수했고, 이 대표는 이를 오랫동안 간직해 오다가 60대 중반이 되면서 '피키 파파'를 통해 '작품'으로 선을 보이게 된 것이지요.

피자도 마찬가지입니다. 제대로 된 최고의 피자를 만들기 위해 이 대표는 이탈리아 나폴리로 날아갔습니다. 그곳에서 피자를 잘 만든다고 소문난 미슐랭 3스타 음식점에서 피자 만드는 방법을 배웠습니다. 당시 인상적이었던 것이 유명한 피자집에서 만들어 파는 메뉴가 마르게리타와 고르곤졸라 피자 단 2가지였다는 것. '피키 파파'도 같은 방식을 도입해 메뉴가 심플합니다. 밀가루 외에 맛있는 피자 맛을 좌우하는 치즈, 토마토소스, 올리브유도 이 대표가 엄선한 것을 수입해 사용하고 있습니다. 여기에 적절한 반죽과 온도 등 이 대표만의 제조 공정과 정성이 보태지고요.

이 집의 상호인 '피키 파파(Picky Papa)'는 '까다로운 아빠'라는 뜻. 이 대표의 외동딸이 지은 이름입니다. 딸의 눈에 비친 대로 이 대표는 깐깐합니다. 자신이 수긍할 수 있는 수준이 안 되면 성에 차지 못하는 성격이니까요. 스스로에게는 이처럼 엄격하지만 남다른 친화력을 갖고 있는 분이 이 대표이기도 합니다. 그와 이야기를 나누다보면 열정과 치열함에 빠져들고 맙니다. 전공인 미술외에 음식, 음악, 건축 등 다방면에 걸쳐 해박한 지식과 안목을 갖고 있으니까요. '피키 파파'의 주방에서 환하게 웃으며 일하는 이 대표에게서 많은 것을 배우고 느낍니다.

♣ **음식점 정보**

■ **가격**
　– 단품: 12,000원(빵 종류는 3,000
　～7,000원)

■ **위치**: 서울 강남구 신사동 강남대로 162길 35(강남구 신사동 523-17), 02-644-7717

■ **영업시간**: 11:00～23:00(월요일 휴무)

■ **규모 및 주차**: 50석, 건물 지하 주차장 이용

■ **함께하면 좋을 사람**: ①가족 ★, ②친구 ★, ③동료 ★, ④비즈니스 ★

♣ **평점**

맛	★ ★ ★ ★ ★
가격	★ ★ ★ ★ ★
청결	★ ★ ★ ★ ★
서비스	★ ★ ★ ★ ☆
분위기	★ ★ ★ ★ ★

❶❷ '피키 파파'의 마르게리타 단팥빵과 피자
❸ '피키 파파'의 이종호 대표
❹ '피키 파파' 전경

미식 가이드

기타

싱가포르 치킨라이스의 살아있는 맛을 즐길 수 있는
'까이식당'

신촌 이화여대 정문을 바라보고 오른쪽 언덕길 골목 안에 있는 '까이식당'. 처음 식당을 방문 했던 날의 기억이 새롭습니다. 늦가을 늦은 점심시간이었는데도 불구하고 가게 앞에는 서너 명의 젊은 학생들이 10여 분을 서서 기다리고 있었습니다. 저희도 줄을 서서 기다리다가 가게 문을 밀고 들어서니 좌석이라야 모두 합해 열 명이 채 앉기 어려울 정도의 작은 공간이 눈에 들어왔습니다. 여대생으로 보이는 손님이 많았고 그 중 절반은 동남아 출신으로 보였습니다. 작은 공간에 우리말에서부터 영어, 동남아어가 두루 섞여서 대화들을 나누고 있었는데 싱가포르나 태국에 있는 식당에 들어온 것이 아닌가싶을 정도였습니다.

이 집의 메뉴는 딱 두 가지. '치킨라이스'와 '치킨누들'. 대표 메뉴로 알려진 '치킨라이스'를 주문한 후 얼마 되지 않아 음식이 나왔습니다. 첫 인상은 '이게 전부야?'였습니다. 맛집이라는 소문을 들었지만 눈에 들어온 음식은 평범해도 너무 평범했기 때문이었습니다. 허연 볶음밥 위에 닭고기 여러 점이 알맞은 크기로 잘라져서 고명처럼 얹어져 있었습니다. 거기에 닭 국물 그릇 하나, 고기를 찍어 먹은 작은 소스 종지 하나, 역시 작은 그릇에 담긴 채소샐러드 하나가 사각 트레이에 담겨 나온 것이 전부였으니까요. 반찬도 따로 없고요.

하지만 시작은 지금 부터입니다. 먼저 닭고기 살 한 점을 집어 소스에 찍어 입 안에 넣었는데 그 맛이 기대를 뛰어넘었습니다. 수비드 방식(sous vide : 밀폐된 비닐봉지에 재료를 담아 미지근한 물에 오랫동안 데우는 저온조리법)으로 익힌 것 같은 닭고기 살이었는데 부드럽고 담백한 맛은 어떻게 설명을 할 수가 없을 정도였습니다. 비릿함도 전혀 없고요. 따뜻한 볶음밥을 연이어 한 숟가락 맛을 보았습니다. 닭 육수가 적절히 배어있는 볶음밥인데 역시 담백했고 쌀과 마늘, 여러 향신료가 잘 어우러진 인상적인 맛이었습니다. 닭고기와 볶음밥, 육수국물 모두 닭을 베이스로 하고 있지만 각자의 색깔을 갖고 있으면서 서로 조화를 이루고 있었습니다. 다소 심심할 수 있는 맛을 잡아주는 채소샐러드까지.

이런 인상적인 요리를 만드는 김영덕(41) 오너 셰프를 어렵게 만났습니다. 작은 식당을 아침부터 밤늦게까지 혼자 운영하다보니 따로 시간을 내기가 쉽지 않았기 때문이었습니다. '까이'가 무슨 뜻인지부터 물어봤습니다. 태국말로 '닭'이랍니다. 그러니까 "까이식당"은 "닭요리 식당"쯤 되겠지요. 김 셰프가 치킨라이스에 꽂힌 계기도 궁금했습니다. "제가 일식 요리사였습니다. 동남아를 좋아해 여행을 다니다가 태국 치앙마이에서 치킨라이스 맛을 보고 반했습니다. 치킨라이스는 중국 하이난성 출신 싱가포르 이민자들로부터 유래된 요리인데 태국뿐만 아니라 싱가포르 등 동남아인들이 즐겨 먹는 대표적인 서민음식이지요. 요리사인 저도 처음에는 치킨라이스가 모두 비슷한 줄 알았는데 자세히 들여다보니 나라와 음식점

마다 미묘한 맛의 차이가 있더라고요. 이들 여러 치킨라이스의 맛을 잘 살피고 조리법을 배운 다음 우리 입맛에도 맞는 저만의 기법을 더해서 만든 것이 '까이식당'의 치킨라이스라고 할 수 있습니다."

외견상 평범해 보이지만 특별한 맛을 담고 있는 치킨라이스를 만들기까지 김 대표가 기울이는 정성은 이만 저만이 아닙니다. 매일 아침 7시부터 밤늦게까지 온 종일 요리에 매달린답니다. "아침에 가게에 나오면 닭을 삶는 것으로 일과를 시작해요. 하지만 닭을 그대로 삶는 것이 아니라 냉기를 제거하기 위해 마사지부터 합니다. 우리나라에서 유통되는 닭은 동남아와 달리 대부분 냉장 닭이라서 고기가 차갑습니다. 닭의 살이나 뼈가 차가우면 제대로 국물이 우러나지 않아서이지요. 마사지를 마친 닭은 뜨거운 물에 15분 정도 익힌 다음 온도를 낮춘 따뜻한 물로 다시 1시간 30분가량 수비드 방식으로 익힙니다. 이후 고기를 건져 얼음물로 식히고요." 이 집의 볶음밥도 안남미가 아닌 우리 쌀인데도 불구하고 밥알이 엉겨 붙지 않고 살아있으면서 촉촉 하고 다양한 풍미를 담고 있습니다. 역시 김 대표만의 비결이 숨어 있더군요. "밥을 지을 때 닭육수로 짓습니다. 그냥 닭육수만 쓰는 것은 아니고 마늘과 정종 등 다양한 재료를 추가해 닭의 잡내를 제거해 주고 있습니다. 쌀은 처음에는 안남미를 사용해 봤지만 손님들의 반응이 그리 좋지 않았습니다. 국산 경기미 중 수분 함량이 적은 것을 골라 밥을 짓고 있습니다."

김 대표는 미래에 어떤 꿈을 갖고 있을까 물었더니 이런 답변이 돌아오더군요. "닭국밥을 한번 만들어 보고 싶습니다." 그가 꿈꾸는 새로운 요리는 과연 어떤 맛일지 저희도 기대가 큽니다. 정성과 성실함, 탐구정신으로 요리를 대하는 그가 시도하려는 것이니까 맛은 보증해도 되지 싶습니다. 세상에 맛있다고 소문난 음식점이 수없이 많지만, 진정한 숨은 맛집은 바로 이런 집이 아닐까 싶습니다.

♣ **음식점 정보**
- **가격**
  - 단품: 7,500원
- **위치**: 서울 서대문구 이화여대2가 길 24, 070-7570-0871
- **영업시간**: 월~토 11:00~20:00 (15:00~17:00 브레이크 타임. 일요일 휴무)
- **규모 및 주차**: 10석, 주차장 없음

- **함께하면 좋을 사람**: ①가족 ★, ② 친구 ★, ③동료 ★, ④비즈니스 ☆

♣ **평점**

맛	★ ★ ★ ★ ★
가격	★ ★ ★ ★ ★
청결	★ ★ ★ ★ ★
서비스	★ ★ ★ ★ ☆
분위기	★ ★ ★ ★ ☆

❶ '까이식당'의 치킨라이스
❷ '까이식당'의 김영덕 오너 셰프
❸ '까이식당' 전경

'주반(酒飯)'

영국의 저명한 역사학자 E. H. 카(E. H. Carr)가 쓴 『역사란 무엇인가』는 전공자뿐만 아니라 역사에 관심을 갖고 있는 사람이라면 한번쯤 읽어봐야 할 고전으로 꼽힙니다. 이 책에서 그는 "수많은 사람들이 루비콘 강을 건넜다. 하지만 이들이 강을 건넌 사실에 아무도 관심을 갖지 않았다. 카이사르는 달랐다. 그가 루비콘 강을 건넌 것은 역사적 사실이 되었다. 역사는 해석을 의미한다. 역사가는 자신의 해석에 맞추어 사실을 찾아내고, 자신의 사실에 맞추어 해석해내는 끊임없는 과정에 종사하는 자들이다"라고 갈파했습니다.

요리도 이와 다르지 않다고 생각합니다. 많은 사람들이 음식을 만들지만 이를 모두 '멋진 요리'라고 주목 하지는 않습니다. 수많은 재료 중 의미 있는 것을 가려내 멋진 요리를 만들어내는 셰프는 많은 사실 중에서 가치 있는 것을 추출해 해석함으로써 역사를 만들어가는 역사가와 비슷한 일을 하는 것이 아닐까 싶습니다. 소개해 드릴 '주반(酒飯)'의 김태윤(40) 셰프와 여러 이야기를 나누면서 떠오른 단상입니다.

인도, 동남아, 중동, 서양을 아우르는 특색 있는 요리와 더불어 와인에서부터 우리 전통주에 이르기까지 다양한 주류를 함께 즐길 수 있는 '주반'의 요리는 이름부터 평범한 것이 하나도 없습니다. '영광-니스', '마린보이', '신사유람단', '로얄 짜장 리턴즈', '호접몽', '데이빗 톰슨' 등 세상 어느 식당에서도 듣도 보도 못한 타이틀을 단 요리가 대부분입니다. 이 집의 요리는 오로지 '주반'에서만 맛볼 수 있는 요리라고 할 수 있습니다. 요리 하나하나에 담긴 기발난 발상을 보면 고정관념에 사로잡히지 않고, 동서양의 경계를 자유롭게 넘나들며 만든 요리라고 할 수 있습니다.

이렇게 말씀드리면 퓨전 요리를 떠올리며 음식의 맛이 어떨지 궁금해집니다. 한마디로 말해 대부분 A학점 이상을 줄만한 맛들입니다. 늘 새로운 시도를 해 요리마다 다소 편차가 있지만 전반적으로 뛰어난 맛을 담고 있습니다. 신선한 식재료를 사용하고 있고, 재료간의 맛의 조화와 더불어 하나하나 식감이 살아있습니다. 소스도 겉돌지 않고 재료 본연의 맛을 끌어올려주고 있고요. 보기 좋은 떡이 먹기도 좋다고 근사한 요리가 이에 걸맞은 그릇 위에 아름답게 얹어져 만족감을 더해 줍니다. 개성 있는 요리가 주류를 이루다보니 매 요리가 나올 때마다 서빙 하는 직원이 친절하게 요리의 재료와 특징을 소상히 설명해줍니다.

멋진 음식을 맛보는 공간의 중요성도 빼놓을 수 없지요. '주반'은 1920년대에 지어진 오래된 서울식 한옥을 개조해 만든 곳입니다. 공간은 비록 작지만 그 안에서 동서양을 넘나드는 맛있는 식사와 반주 한잔 곁들이는 운치가 이 집만의 또 다른 매력입니다. 외국인 손님들이 점차 늘어나는 것도 이런 멋과 맛에 끌려서가 아닐까 싶습니다.

'주반'을 오픈한 김태윤 셰프는 서촌에서 자랐고 지금도 가게 근처에 살고 있는 종로 토박이. 이 집의 특별한 요리를 맛보면서 많은 궁금증이 꼬리에 꼬리를 물었습니다. 김 셰프는 요리에 대한 명료한 자기 철학을 갖고 있더군요. "저만의 색깔 있는 요리를 만들고 싶었습니다. 일본(동경 핫도리 영양전문학교)에서 요리를 공부한 후 첫 직장이 두바이였습니다. 인도에도 6개월 산 적이 있고, 아시아와 유럽 등 여러 지역을 두루 여행 하면서 다양한 요리와 향신료를 경험했습니다. 이런 문화 체험을 바탕으로 저 만의 해석을 가미한 요리를 만들고 있습니다." 그에게 요리란 무엇을 의미할까? "요리를 만드는 일은 마치 언어를 배우는 것과 같다는 생각이 듭니다. 요리로써 저의 생각과 감정을 표현하니까요. 요리사로서의 경력을 더 쌓아 가면 앞으로 어떻게 될지는 모르겠지만, 저만의 색깔을 요리로 표현하고 싶습니다."

요리에 탁월한 솜씨를 가졌다는 부산 출신의 이머니와 외가 쪽의 영향을 받아서인지 어릴 때부터 주방에 들어가 요리하는 것을 좋아했다는 김 셰프의 대학전공은 역사학(서강대 사학과). 사학도 좋지만 대학 졸업 후 좀 더 진취적인 일을 하고 싶어 일본으로 건너가 요리를 배우고 요식업계에 뛰어든 그 이지만 여느 요리사와 달리 자신만의 확고한 철학과 해석이 있는 요리를 만들어내는 걸 보면 역사학도로서의 기질이 부지불식간에 요리에 녹아있나 봅니다.

김 셰프는 '주반'의 자매 음식점이라고 할 수 있는 지중해풍 캐주얼 요리 전문점 '이타카(ITHACA: 02-542-7006)'를 근래 압구정 로데오 길에 오픈했습니다. '이타카'는 그리스 서쪽에 있는

섬. 호메로스의 서사시 「오디세이아」는 그리스군 최고의 지략가로 트로이 전쟁에서 이름을 날린 오디세우스가 전쟁 후 귀향길에 겪은 모험을 노래하고 있는데 오디세우스는 바로 이타카의 왕. 지중해 요리 전문점에 걸맞은 멋진 작명이자 사학도 출신 셰프답습니다. 김 셰프가 열어가는 요리의 신세계가 늘 기대됩니다.

♣ **음식점 정보**
■ **가격**
  – 단품: 8,000〜30,000원
  – 코스: 40,000원, 50,000원
■ **위치**: 서울 종로구 사직로 8길 42 지하 1층, 02-738-9288
■ **영업시간**: 11:30〜22:00(일요일, 공휴일 휴무. 15:00〜17:00 브레이크 타임)
■ **규모 및 주차**: 45석, 건물 지하 주차장(1시간 30분 무료)
■ **함께하면 좋을 사람**: ①가족 ★, ② 친구 ★, ③동료 ★, ④비즈니스 ★

♣ **평점**
맛	★ ★ ★ ★ ★
가격	★ ★ ★ ★ ★
청결	★ ★ ★ ★ ★
서비스	★ ★ ★ ★ ☆
분위기	★ ★ ★ ★ ★

❶ 로얄 짜장 리턴즈(직접 만든 짜장과 트러플 오일에 버무린 마카로니, 방사유정란 후라이, 은이버섯, 감자)
❷ '주반'의 김태윤 오너 셰프
❸ '주반' 전경

태국 요리에 인생과 영혼을 건 셰프가 탄생시킨
'쿤쏨차이(KUNSOMCHAI)'

'열심히 노력하는 사람은 이길 수 없다. 하지만 열심히 노력하는 사람도 그 일을 즐기는 사람은 당해낼 수 없다'는 말이 있지요. '태국 현지에서 먹어본 요리보다 더 맛있는 태국 요리', '태국 사람보다 더 태국을 사랑하는 사람'이라는 평을 듣는 태국 요리 전문점 '쿤쏨차이(KUNSOMCHAI)'의 김남성(39) 오너 셰프에 대한 첫인상이 바로 이 말과 같았습니다.

김 셰프는 다부진 몸매와 환한 미소가 무엇보다 인상적이었습니다. 자신이 하고 있는 일에 대한 열정과 확신, 넘치는 에너지는 김 셰프만의 아우라(aura)를 만들어냈습니다. 궁금하기도 했지만 어려운 질문을 먼저 던졌습니다. "태국음식이라는 것이 어떤 거지요?" 장황한 답변이 있을 줄 알았는데 한마디로 명쾌하게 정의하더군요. "태국 사람들이 먹는 음식이죠!". "그래도 궁금하면 '일단 한 번 드셔보시라!'고 말씀드립니다." 우문현답(愚問賢答)이었습니다.

다들 아시겠지만, 태국 요리하면 가장 먼저 떠오르는 것이 강한 향신료입니다. '쿤쏨차이'의 차별화된 요리 맛의 비결도 특별한 향신료에 있지 않을까 싶어 궁금했는데 김 셰프의 답변은 의외였습니다. "태국에는 지역마다 특색 있는 다양한 향신료가 있지만 서울에서 구할 수 있는 것은 제한적입니다. 국내에서는 주로 방콕 주

Gourmet Guide

변의 것을 수입해 사용할 수밖에 없는 현실적인 제약도 있고요. 이런 점들을 두루 고려하다보니 저는 향신료의 가지 수 보다 제한되어 있더라도 이를 갖고 어떻게 맛있는 요리를 만들어 낼까에 더 큰 관심을 갖고 있습니다. 저희 집 향신료는 한국인들이 거부감 없이 즐길 수 있는 쉬운 것부터 하나씩 접근하고 있습니다."

김 셰프는 맛있게 태국 요리를 즐길 수 있는 소중한 팁도 이야기해 주더군요. 이 글을 읽는 독자님들께서도 한번 참고해 주시면 좋겠습니다. "태국 등 동남아 요리는 섞어 먹는 것이 아니라 얹어 먹는 음식이라고 생각합니다. 요리와 향신료 등을 섞으면 잡탕의 맛 밖에 나지 않습니다. 저는 손님들에게 요리에 향신료를 섞지 말고 하나씩 떨어 뜨려 맛을 보시라고 권해드립니다. 그래야 하나의 요리도 다양한 맛을 제대로 만끽하며 즐기실 수 있으니까요."

'쿤쏨차이'의 요리는 어느 하나 감동을 주지 않는게 없습니다. 한국인들이 가장 좋아하는 태국 요리 중 하나라고 하는 소프트쉘 크랩 커리 요리인 '뿌팟봉커리'도 태국 현지에서 먹었던 것 보다 더 맛있는 느낌을 받았습니다. 타이 허브와 코코넛향이 가득한 '똠양꿍(태국식 국물요리)' 역시 깊은 인상을 주는 조화로운 맛이었습니다. 요리마다 식재료와 소스 간에 조화와 밸런스가 잘 느껴졌습니다.

우리가 음식점에서 만족감을 느끼는 것은 요리 맛이 전부는 아닙니다. 음식 맛은 기본이고 청결과 분위기, 서비스도 적지 않은 영향을 미칩니다. '쿤쏨차이'는 이런 면에서도 남다릅니다. 아늑하고 세련된 분위기, 거기에 친절하고 활기 넘치는 직원들의 모습에서 '이 집은 손님들이 좋아할 수밖에 없겠구나!'라는 생각을 절로 갖게 합니다. 김 대표에게 비결을 물어봤습니다. "함께 일하는 동료들에게 늘 활력을 당부하고 있습니다. 조금 상투적일 수 있지만 식재료를 고르고, 요리를 하고, 손님을 대할 때 내 부모님이나 여자 친구를 위해 일한다고 생각해 보라고 동료들에게 강조합니다. 제가 수없이 이야기하다보니 이제는 정성과 열정을 갖고 일하는 분위기가 자연스럽게 만들어졌습니다."

가게 이름인 '쿤쏨차이(KUNSOMCHAI)'의 '쿤'은 영어의 Mr.를 뜻하는 태국어, '쏨차이'는 남성, 여성 할 때의 남성을 뜻한답니다. 김남성 셰프의 이름이 '남성'이란 뜻도 있으니까 '쿤쏨차이'는 'Mr. 남성'이라는 의미가 되겠지요. 그는 열정은 넘쳤지만 요리에는 문외한 이었답니다. 육군 특공대에서 군 생활을 하다 전역 직전에 본 TV 프로그램에 등장한 태국에 필이 꽂혀 이제는 태국 요리 전도사가 돼 버렸답니다. 지금까지 태국을 얼추 100번 넘게 다녀왔지만 당시에는 태국에 가본적도, 태국 요리를 먹어본 적도 없었답니다. 요리 일을 해본 적도 없었고요. 멍 때리고 가만히 있지는 못하는 성격 탓에 무엇이든지 한번 꽂히면 최선을 다하는 그는 전역 후 이력서 한 장 달랑들고 광화문에 있는 태국요리 전문점에 문을 두드려 2년여를 바닥에서 부터 일하고 배웠답니다. 그 곳 주방에서 태국 현지인 출신 요리사들에게 태국 요리와 태국어를 익혔답니다. 이후 아시안 요리 전문점 '생어거스틴(Saint AUGUSTIN)'으로 자리를 옮겨 10여 년 일하면서 본격적으로 태국 요리를 탐구하다 자신만의 색깔 있는 태국요리를 만들고 싶어 '쿤쏨차이'를 차리게 된 것이고요.

앞으로 태국 요리의 다양성을 한국에 알리고 싶다는 포부를 밝히는 그는 한국과 태국의 식재료와 양념들이 서로 궁합이 잘 맞는 게 너무 많다며 다양한 상호 접목을 시도해 보고 싶답니다. 그가 좋아한다는 태국 쌀국수 면발을 뽑아내는 사진 앞에서 환하게 웃는 김 셰프의 얼굴에서 그의 포부가 머지않아 현실로 가시화되겠다는 신뢰가 갑니다. 누구보다 태국을 사랑하고 열정이 넘치는 사람이니까요.

♣ 음식점 정보

■ 가격
- 단품: 9,000 ~25,000원

■ 위치
- 교대점: 서울 소차구 서초대로 53길 23, 02-598-6411
- 역삼점: 서울 강남구 논현로 87길 19 2층, 02-569-6554

■ 영업시간: 11:30~15:00, 17:00 ~ 22:00(일요일, 공휴일 휴무)

■ 규모 및 주차: 교대점 54석, 역삼점 78석, 건물내 주차장 있으나 대중교통 이용 권유)

■ 함께하면 좋을 사람: ①가족 ★, ②친구 ★, ③동료 ★, ④비즈니스 ★

♣ 평점

맛	★ ★ ★ ★ ★
가격	★ ★ ★ ★ ★
청결	★ ★ ★ ★ ★
서비스	★ ★ ★ ★ ★
분위기	★ ★ ★ ★ ☆

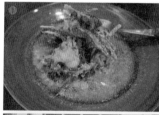

❶ 소프트쉘 크랩 커리 요리인 뿌팟봉커리
❷ 쿤쏨차이'의 김남성 오너 셰프
❸ '쿤쏨차이' 전경

'플레이그라운드 브루어리'

하우스 맥주로 시작해 음식점으로 외연을 확장하고 있는 특별한 집을 소개해 드립니다. 상호부터 범상치 않습니다. '플레이그라운드 브루어리(PLAYGROUND BREWERY)'. 우리 사회는 오랫동안 쉬지 않고 열심히 일하는 것이 미덕이었습니다. 물론 지금도 일을 소홀히 해서는 안 되겠지만 사회가 발전되면서 재충전을 위한 휴식이 일 만큼이나 중요한 시대가 되었습니다. 쉬운 말로 일도 열심히 하고 노는 것도 잘 놀아야하는 세상이 된 거지요. 오늘 소개해 드릴 집이 바로 열심히 일한 사람이 잘 놀고 잘 쉴 수 있는 공간입니다.

사실 놀고 쉬는 것도 해본 사람이 잘 합니다. 저희 역시 이 부분에 관한한 학습과 훈련이 부족한 편이지요. 그런 난감함에 부딪혔을 때 차를 몰고 강변도로를 탄 다음 한강을 옆에 끼고 자유로를 달려보세요. 서울 시내를 기준으로 한다면 일산 인터체인지를 지나 파주 출판단지 조금 못 미쳐 생뚱맞은 곳에 자리 잡은 '플레이그라운드 브루어리'를 찾아 가세요. 가보시면 '오길 참 잘했다!', '아니, 이런 곳에 이런 멋진 곳이 다 있나!'라는 생각이 절로 드실 겁니다. 입구는 허름하지만 실내에 들어서면 넓고 쾌적한 공간, 세련된 분위기, 정갈함이 주는 특별함에 매료됩니다.

맥주, 대량 생산 맥주가 아니라 바로 옆 양조장에서 직접 만든 하우스 맥주가 이 집의 대표 상품입니다. 여기에 맛있는 요리까지 곁들여 즐길 수 있는 공간이 따로 있고요. 천순봉(41) 대표를 만나 어떻게 이런 비즈니스를 시작했는지 물어봤습니다. "미국에 건너가 공부할 때 다양한 하우스 맥주에 꽂혔었습니다. 우리나라도 월드컵을 전후해 하우스 맥주가 도입되었지만 아직 미약한 실정입니다. 우리나라 전체 맥주 시장 규모가 약 6조 원가량 되는데 이 중 1~1.5% 정도인 600~1천억 원이 하우스 맥주 시장입니다. 한국 하우스 맥주 시장의 성장 속도는 느리지만 소비자들의 욕구가 점차 다양해지면서 소품종 대량생산하는 맥주보다 다품종 소량 생산하는 하우스 맥주에 대한 선호도가 높아질 것으로 내다봤습니다. 비즈니스 시작은 하우스 맥주였지만 맥주와 어울리는 음식도 같이 서비스하면 좋겠다 싶어 양조장 옆에 따로 공간을 만들게 되었습니다."

음식점 한쪽 벽면에 크게 새겨 놓고 있는 글귀가 눈길을 잡아끌었습니다. 'Drink better, Play better'. 더 잘 마시고 더 잘 놀라는 말이지 싶은데 천 대표가 스스로에 대한 다짐이자 고객들에게 드리고 싶었던 말이지 싶습니다. 무엇보다 이곳에서 맛볼 수 있는 하우스 맥주는 맛도 맛이지만 브랜드 이름이 독특했습니다. 맥주 맛에 따라 이름을 달리 붙이고 있는데 안동 하회탈 이름이 붙어 있더군요. 연유를 천 대표에게 물었습니다. "안동 하회탈은 탈마다 특별한 이미지와 메시지를 갖고 있지 않습니까? 저희들이 추구하는 바와 유사하다는 생각을 하게 되었습니다. 저희가 만드는 맥주에는 저희만의 특별한 맛과 향을 담고 있습니다. 이를 재미있게 표현하려다보니 안동 하회탈 이름을 붙이게 된 것입니다."

'플레이그라운드 브루어리'는 맥주 맛도 특별하지만 음식도 여느 맥주 집에서 드시는 것들과 차별화됩니다. 이곳에서는 하우스 맥주와 페어링 되는 다양한 요리를 즐기실 수 있습니다. 주방을 책임지고 있는 김성훈(38) 셰프에게 차별화된 요리를 만드는 비결을 물어봤습니다. "저희 집은 맥주와 조화를 이룰 수 있는 요리를 중심으로 메뉴를 짜고 있습니다. 서양 요리이지만 동양적인 터치를 가미한 아시안 스타일의 요리라고 말씀드릴 수 있습니다." 호주 꼬르동블루에서 프렌치 요리를 전공하고 미국, 호주 등지에서 셰프로 활약했던 김 셰프는 동양인의 피는 못 속이는지 오랫동안 양식 요리를 만들면서도 늘 한국과 아시아 스타일이 끌려 이를 반영한 요리를 선보이게 되었다고 합니다.

'플레이그라운드 브루어리'의 또 다른 숨은 실력자는 브루 마스터(Brew master) 김재현(40) 이사. 맥주 제조의 전 공정을 관리하는 양조기술자이지만 예리한 미각을 갖고 있어 맥주에 어울리는 요리의 메뉴를 결정하는 데도 깊이 관여하고 있는 인물이지요. 천 대표와 함께 '플레이그라운드 브루어리' 창립 멤버인 그는 이 집에서 생산하는 하우스 맥주와 요리에 대해 이런 생각을 갖고 있더군요. "저희들은 빨리가기 보다 제대로 된 맥주와 요리를 만드는 것을 목표로 삼고 있습니다. 저희 집이 제대로 된 브루어리 다이닝(Brewery dining)의 효시라는 자부심도 갖고 있고요. 저희만의 스타일, 저희 고객의 입맛에 맞는 메뉴 개발에도 늘 고심하고 있습니다." 일하면서 언제가 제일 기뻤는지도 물어봤습니다. "저희가 노력하고 있는 부분이 손님들에게 전달되고 이를 알아주실 때 가장 큰 보람을 느낍니다!" 이 글을 읽으시는 독자님들께서도 좋은 음식과 음료를 만나시면 만든 이의 노고를 말로써 꼭 표현해 주세요. 다시 들르시게 되면 더 좋아진 음식을 만나실 수 있을 겁니다.

　사족 하나: '플레이그라운드 브루어리'는 멋진 곳이지만 대중교통으로 접근하기 어렵습니다. 승용차를 갖고 이동해야하는데 음주운전은 절대 금물인거 잘 아시지요. 술 드시지 않은 분이 운전대를 잡으시거나 가게에 꼭 대리기사님을 부탁하세요. 평균 대리기사 요금에 5천 원 정도 더 붙는다고 생각하시면 됩니다. 가게에서 반포까지 가신다면 약 3만 원.

♣ **음식점 정보**
- **가격**
  - 단품: 8,000~19,000원(주류 별도)
- **위치**: 경기도 고양시 일산서구 이산포길 246-11, 031-912-2463
- **영업시간**: 12:00~22:00(월요일 휴무)
- **규모 및 주차**: 88석, 음식점 및 공장 앞 충분히 여유 있음

■ **함께하면 좋을 사람:** ①가족 ★, ②친구 ★, ③동료 ★, ④비즈니스 ★

♣ **평점**

맛	★ ★ ★ ★ ★
가격	★ ★ ★ ★ ★
청결	★ ★ ★ ★ ★
서비스	★ ★ ★ ★ ☆
분위기	★ ★ ★ ★ ★

❶ 허머스와 사천식 소스 소고기, 터어키쉬 브레드
❷ '플레이그라운드 브루어리' 김재현 브루 마스터(좌), 김성훈 셰프(가운데), 천순봉 대표(우)
❸ '플레이그라운드 브루어리' 전경